도로에서 지구를 살리는 *50*가지 방법

도로에서 지구를 살리는 50가지 방법

박 용 훈 지음

수문출판사

　최근 교통정책을 세우는데 있어서 많은 요구가 쏟아지고 있다. 환경을 고려하고, 경제도 생각하고, 기본적인 소통상태를 유지시켜 달라는 것이 그것이다. 그리고 위에서 언급한 에너지 문제도 덧붙여진다. 어떻게 보면 요구가 너무 많아서 정책을 세울 수 없을 것 같은 생각도 든다. 그러나 전혀 그렇지 않다. 궁극적인 목표는 다르지만 그 목표를 달성하기 위한 수단과 방법은 매우 유사하기 때문이다.

　'가장 한국적인 것이 세계적인 것' 이라는 말처럼, 가장 환경적인 것이 경제적이며, 에너지 효율을 극대화시키는 방법임과 동시에 기본적인 소통을 보장할 수 있는 방법이다. 정책만 제대로 추진된다면 우리는 에너지란 토끼와 환경이란 토끼를 모두 잡을 수 있다. 대중교통을 이용하고, 작은 차를 타고, 자전거를 타는 일들이 바로 경제와 환경과 에너지 문제를 모두 충족시킬 수 있기 때문이다. 교통정책이 제대로 수립되고 추진이 잘 이루어진다면 환경도 살리고, 경제도 살리고, 에너지 문제를 해결할 수도 있다는 사실을 당국은 명심할 필요가 있다.

　그러나 정부가 정책을 잘 만들었다고 해서 일이 그냥 해결되는 것은 아니다. 정부가 정책을 세우고 난 뒤에는 시민들의 적극적인 협조가 반드시 필요하다. 다른 부문도 마찬가지겠지만 특히 교통과 환경문제는 더욱 그렇다. 에너지를 낭비하고 환경을 오염시키는 행위는 시민들 개개인의 행동에서 시작되기 때문에 시민의 협조가 필수적이다.

그런데 시민들이 에너지를 아끼고, 환경을 보호하는 차원에서 교통생활을 영위하려면 막연한 당부나 홍보만 가지고는 곤란하다. 왜 자전거를 타야 하고, 왜 작은 차를 타야 하고, 왜 급출발을 하면 안되는지를 시민들에게 충분히 인식시켜 주어야 한다. 하지만 애석하게도 지금까지는 일반 시민들이 교통생활을 하면서 에너지를 아끼고 환경을 보호하는 데 참고할 만한 책자가 거의 없었다.

그래서 필자는 3년 전 국내외의 자료를 수집하여 교통생활에 필요한 환경 지침서를 만들 계획을 세웠다. 이 일에 착수하자마자 국내의 자료가 너무 빈약하다는 사실을 알고 해외의 자료를 구하기 위해 이리저리 돌아다녀야 했다.

미국, 유럽, 그리고 일본의 교통 및 환경관련기관을 찾아다녔다. TRB(미국교통학회)와 SAE(미국자동차 공학회), 그리고 동경과 프랑크푸르트의 자동차 박람회장도 샅샅이 뒤졌다. 그러나 예상외로 자료가 많지는 않았다. 그리고 자료가 있다 하더라도 일반 시민들의 생활과 거리가 먼 것이 많았다.

자료가 모이는 대로 그냥 묻어둘 수 없어서 방송자료로 활용하기도 했다. 환경과 관련된 주제 만큼은 MBC의 '푸른신호등'과 KBS의 '가로수를 누비며'를 통해서 방송했었다. 방송을 하는 기간에는 생각보다 시민들의 반응이 좋았다. 환경컬럼이 방송되면서 시민들로부터 공감한다는 내용의 전화가 많이 걸려왔다. 그중에는 매연배출차량에 대한 신고가 늘고 있다는 공무원의 전화도 있었다. 그렇지만 이것으로 위안이 되지는 않았다. 이른 아침 집을 나서며 보게 되는 서울의 하늘은 조금도 변함이 없기 때문이다.

내용이 완벽하지는 않지만, 그래서 책을 내기가 부끄럽기도 하지만, 체면치레하고 있기에는 우리의 환경이 너무나 심각하게 오염돼가고 있다는 사실에 용기를 얻어서 책을 출판하기로 마음먹었다. 북한산 우이령관통도로를 막겠다고 한참을 돌아다닐 때, 마침 그 모임에서 수문출판사의 이수용 사장님을 만났고, 그런 인연으로 이 책을 만들어 주셨다. 이 책을 출판하는데 많은 시간을 할애해 주시기도 했지만, 이 사장님은 필자가 이 책을 내기로 결정하는 데 결정적인 용기를 주신 분이셨다. 진심으로 감사드린다.

원고가 탈고될 무렵 우이령보존협의회가 결성되었다. 북한산을 지키기 위해 매우 바쁜 나날을 보내면서도 많은 회원들이 이 책을 내는데 용기를 주었다. 인하대 최중기 교수님, 코리아타임스 조상희 차장님, 자연보전협회 우한정 박사님과 이은복 박사님, 김영복 선생님, 대한조류협회 송순창 회장님, 그리고 이장오 씨를 비롯한 많은 산악인들의 얼굴이 생각난다.

아무것도 모르면서 시민운동을 한다고 나설 때 용기를 준 경실련의 서경석 총장님과 유재건 대표님을 비롯한 경실련 교통광장회원들, 열심히 자료를 챙겨 준 외국의 코 큰 친구들과 자동차공업협회의 김차중 부장님에게도 감사드린다.

그리고 학교를 졸업한 이후에도 계속 가르침을 주시는 원제무 교수님과 동일기술공사의 송경현 전무님, 주위에서 용기를 북돋아

주시는 방송국의 프로듀서들에게도 감사의 뜻을 전한다.

　끝으로 남편이 돈 안되는 일을 고집하는데도 서슴지 않고 뒷바라지 해주는 사랑하는 아내와 귀여운 공주 예슬이, 그리고 묵묵히 지켜봐주는 친지들에게도 고마운 마음을 전한다.

1995년 8월 쌍문동에서

서서 울어야 할 도시

이제 교통문제는 교통을 연구하는 사람들만의 과제이거나 자동차를 운전하는 사람들만의 관심거리가 아니다. 걷는 사람, 버스나 지하철을 기다리는 사람, 그리고 시장에서 짐을 나르는 사람들 모두가 교통문제를 걱정하고 교통문제로 고통을 받고 있다. 오죽하면 서울을 일컬어 '서서울어야 할 도시'라고 불렀을까 하는 생각에 서글픈 생각도 들지만 이제 이 모든 것이 우리의 현실이 되어버렸다.

최근 들어 교통난이 더욱 심각해지자 정부의 교통담당부서나 학계의 전문가들이 묘안을 제시하고 있지만 아직까지 뚜렷한 해결책은 없는 것 같다. 모두 그 말이 그말이고 어제 한 말을 오늘은 또 다른 사람이 되풀이하고 있다는 생각이 든다. 그러나 이렇게 혼미를 거듭하는 상황 속에서 참신한 대안들을 던져주는 젊은 전문가가 있다. 바로 도시교통연구소의 박용훈 소장이다. 그의 말은 늘 신선하지만 문제의 포착은 늘 현실 속에서 이루어진다. 그래서 현실성 있는 교통대책들이 쏟아져 나온다. 모두가 정부 당국자들이 귀담아 들어야 할 내용들이다.

특히 일년 전부터 푸른신호등에서 박 소장이 방송한 칼럼들은 환경과 교통문제를 동시에 생각한 것들인데, 그 내용과 소재가 매우 참신했었다. 어떤 차를 타야 하고, 어떻게 운전해야 하며, 또 어떻게 관리해야 하는지에 대해서 알기 쉽고 재미있게 엮어진 내용이었다. 환경오염을 줄이고 에너지도 절약하고 교통난을 푸는 좋은 내용임에 틀림없다.

이번에 박용훈 소장이 이 칼럼들을 엮어서 책으로 출간한다고 하니 참으로 잘 됐구나 하는 생각을 했다. 한번 방송을 하고 나면 모두 날아가는 것이 방송의 생리이고, 또 통계나 분석지표들은 한번 들어서는 기억하기가 힘들기 때문에 나도 그 내용들이 책으로 출간되었으면 하는 바램을 가지고 있었다.

소위 선진국이란 나라들은 이제 거리의 운전질서를 바로잡는 일에는 관심이 없다. 이것보다는 어떻게 하면 환경을 교통에 접목시킬까 하는 데 관심을 갖고 있다. 아직 우리나라는 교통질서를 바로 잡는 일에 관심을 집중시켜야 할 정도로 교통문화가 뒤떨어져 있다. 그러나 그렇다고 자동차 공해를 외면할 수도 없다. 도시의 대기오염 상태가 매우 심각하기 때문이다.

우리의 입장에서는 질서를 잡는 일에서 대기오염을 줄이는 일까지 동시에 해결할 수밖에 없을 것이다. 바라건대, 이 책이 널려 있는 교통문제들을 모두 해결하는 데 좋은 길잡이가 되었으면 하는 바램을 가져본다. 끝으로 더운 여름에 이 책을 내느라고 고생하신 우리 박형에게 시원한 팥빙수 한 그릇 대접하겠다는 말을 전하고 싶다.

1995. 9 (방송인)

교통부장관 출신의 총리

지적(知的)이고 명랑한 휴머니스트. 내가 생각하는 이상적인 정치가의 모습이다.

교통전문가 박용훈 씨를 처음 보았을 때 그의 온몸에서 풍겨나오는 야릇한(?) 매력의 실체가 바로 그런 것이었다. 대학에서 강의를 하는 사람답게 그의 언어세계는 반듯했으며 꾸미지 않고 자연스레 배어나오는 낙천적 여유는 사람의 마음을 편안하게 해주었다.

나는 그를 단순한 교통전문가로 보지는 않는다. 오히려 현대사회에 난마(亂麻)처럼 얽혀있는 이기적인 벽들을 그의 탁월한 혜안과 인간에 대한 사랑의 힘으로 확 뚫어줄 수 있기를 기대하는 쪽이다. 그가 이끌어가는 〈TV청년내각〉이 피곤함 속에서도 희망을 잃지 않은 까닭도 바로 그의 지칠 줄 모르는 정열과 용기, 그리고 사랑 때문임은 두말할 나위가 없다.

이번에 출간한 책 「작은 차가 아름답다」를 보면서 나는 또 한번 그의 매력을 느꼈다. 그 자신이 딱딱하고 골치아픈 일들을 잘 풀어나가는 만큼, 그 책도 중요한 핵심을 놓치지 않으면서 재미있고 알기 쉽게 씌어져 있었기 때문이다. 이 책을 읽는 독자들은 아마도 교통문제나 환경문제 뿐 아니라 다른 분야에도 조예가 깊은 그의 재능을 충분히 간파할 수 있으리라고 확신한다.

그래서 나는 그에게 한가지 부탁을 하고 싶다. 교통(交通)이 고통(苦痛)이 되지 않도록 노력해 달라는 부탁을 말이다. 그 대신 "고통 끝, 교통 시작"이란 말을 듣고 싶다. 아마도 이 바램은 나 혼자만의 바램이 아니라 모든 사람들의 바램일 것이다. 바램이 많다는 것은 그만큼 그의 어깨가 무거워진다는 것을 의미하지만, 많은 사람들은 그의 어깨가 그것을 감당해낼 수 있을 만큼 튼튼하다는 사실을 잘 알고 있다.

말이면 말, 글이면 글, 무엇이든지 주어진 상황에서 요리를 잘 해내는 인간 박용훈! 그는 희망의 나라의 총리에 그칠 인물이 아니라고 생각한다. 교통문제를 걱정하는 모든 이와 함께 이제 희망을 갖고 지켜보고 싶다. 엉킨 실을 풀어나가는 그의 지혜와 슬기, 그리고 미래를 향해 뛰는 힘찬 발걸음을 먼 발치에서 때로는 그의 곁에서 지켜보고 싶다.

1994. 7. (MBC PD) 주 철 환

12

도로에서 지구를 살리는 *50*가지 방법

차 례

두마리 토끼를 모두 잡자

자동차의 딜레마

1986년 스위스에서 "자동차 산업의 미래"라는 주제의 심포지엄이 열렸다. 이 자리에서 청중 한 사람이 그 자리에 모인 자동차 회사 사장들에게 자신이 아주 중요하다고 생각하고 있던 질문을 던졌다. 그의 질문은 "자동차가 처음 발명된 이래로 과연 진정한 의미의 발전이 있었습니까?"였다. 그는 최신 자동차와 자신의 차고에 있는 1924년 구식차 사이에는 본질적 차이가 없다는 것이다.

돌발적인 질문을 받은 유명 자동차 회사 사장들은 당황했다. 그들 중 일부는 새로운 핸들, 브레이크, 연비향상 등을 들어서 무언가 달라진 내용을 설명하려고 했다. 그러나 대부분 사람들은 지난 100년 동안 근본적으로 바뀐 것이 아무것도 없다는 사실에 수긍했다. 자동차가 움직이려면 도로가 필요하고, 가솔린이 필요하며, 또 운전자가 없으면 움직일 수 없다는 사실에서 100년 동안 하나도 변하지 않았음을 인정할 수밖에 없었다.

　자동차의 연비 문제를 살펴보면 현재의 자동차가 얼마나 변하지 않았는지를 알 수 있다. 과거에 비해 변했지만 그것은 미미한 수준에 불과하다는 점이다. 자동차의 내연기관은 기껏해야 석유 1배럴에서 얻어낼 수 있는 전위 에너지의 35%를 동력으로 전환할 수 있다. 이 35%의 에너지는 자동차를 추진시키기 위해 바퀴로 전달되는 과정에서 3분의 1이 사라진다. 이처럼 자동차는 에너지의 낭비를 일삼는 기계덩어리에서 더 이상 발전하지 못하고 있다.

　자동차의 에너지 낭비에 대한 보다 충격적인 연구결과도 있다. 자동차는 원유가 땅으로부터 솟아나왔을 때 갖고 있는 에너지의 단지 3%만을 이용할 수 있다는 것이다. 이것은 종종 샴페인 병마개를 서툴게 터뜨린 나머지, 아까운 샴페인을 모두 마룻바닥에 쏟아버리고 병에는 한 모금 정도밖에 남지 않는 경우와 비유되곤 한다.

　자동차는 왜 이처럼 에너지를 낭비하게 되는 것일까? 이 문제를 자동차의 구조나 에너지의 연소과정을 들어서 설명하기란 쉬운 일이 아니다. 그렇지만 구태여 복잡한 설명을 하지 않더라도 우리는 에너지를 낭비하는 자동차의 모순점을 쉽게 발견할 수 있다. 그 모순은 사람을 이동시키기 위하여 사람 몸무게의 10배가 넘는 무거운 탈것에 사람을 싣고 가는 것이다.

교통 부문의 과소비 풍조

　에너지를 낭비하는 것은 자동차의 본질적인 문제에 국한되지 않는다. 어떤 교통수단을 이용하고, 승용차를 이용하더라도 어떤 크기의 승용차를 이용하느냐에 따라서 에너지의 낭비는 정도가 다르기 때문이다. 우선 비합리적인 교통수단 분담구조를 살펴보자. 우리나라의 교통수단 분담구조는 공로 수송 중심으로 형성되어 있어서 필연적으로 교통부문에서 에너지 낭비가 많다.

1992년 국내의 여객수송 실적은 수송인 기준으로 149억 9천만 명이었는데, 이 중 86%인 128억 9천 명이 도로를 이용한 것으로 나타났다. 반면에 지하철은 9%, 철도는 4.8%로 낮은 분담률을 보였다. 수송인·km 기준에서도 총 1,331억 인·km 중 도로는 62%인 882억 인·km를 수송한 것으로 나타났다. 여객수송에 대한 도로의 분담률이 높다는 것은 상대적으로 철도와 지하철시설이 빈약함을 의미한다. 우리의 도로분담률이 철도에 비해 월등히 높은 것은 철도연장이 미비한데 원인이 있는 것이다. 우리의 도로분담률은 선진국에 비해 높은 편이며, 이것은 국가간의 철도시설 격차와 깊은 관련이 있다.

영업용 여객수송에 따른 도로분담률 뿐만 아니라 자가용 승용차의 경우도 이용률이 높기 때문에 환경오염과 에너지 낭비가 가중되고 있다. 승용차 한 대당 연간 평균 주행거리에 있어서 우리나라는 22,770km/년으로서 여타 외국의 두 배 수준에 있다. 평균 주행거리가 비교적 많은 미국만 해도 우리의 70% 수준이며, 서독은 64% 수준이다. 반면에 이탈리아는 우리의 44%, 일본은 43%, 스페인은 40% 수준에 불과하다. 평균 주행거리가 많다는 것은 그만큼 승용차 의존도가 높고, 동시에 반환경적이고 비효율적인 에너지 소비패턴을 갖고 있음을 의미한다.

승용차의 보유구조에 있어서도 우리는 바람직한 상태를 유지하지 못하고 있다. 우리나라의 자동차 보급 추세를 보면 보유대수가 100만대를 넘어섰던 1985년 이후부터 연평균 25%를 상회하는 높은 증가율을 기록하면서 급속히 증가해 왔음을 알 수 있다. 자동차 보유대수는 1993년 말에 600만대를 돌파했고, 3, 4년 후에 1,000만대를 돌파할 것으로 예상된다. 이와 같은 자동차 증가 추이는 이미 이삼십 년 전에 자동차 대중화 시대를 맞이했던 서구와 유사한 것으로서 일반적인 현상으로 받아들일 수 있다.

그러나 국가별로 보유한 자동차의 내용을 살펴보면 우리의 자동차 보유상태가 선진국과 차이를 보이고 있음을 알 수 있다. 특히 에너지 절약과 환경오염방지 측면에서 승용차의 보유 구조가 왜곡되고 있음을 발견할 수 있다. 우리나라의 승용차 보유형태를 배기량별로 구분해 보면 2,500cc 이상에서부터 1,500cc까지는 안정적인 피라미드 구조를 이루고 있으나 1,000cc 미만의 경우는 보유비율이 매우 적다. 1993년 9월 현재 2,000cc 이상 대형 승용차는 전체의 5.8%를 점유하고 있으며, 1,500cc~2,000cc 미만의 중형 승용차는 24.7%, 1,300cc~1,500cc급 소형승용차는 66.3%로 나타났다. 반면에 1,000cc 미만의 경승용차는 3.2%로서 매우 저조한 수준으로 나타났다.

국가별 경승용차 보유비율을 비교해 보면 우리나라의 왜곡된 보유구조를 쉽게 파악할 수 있다. 우리나라와 비교하여 교통 여건이 월등히 좋은 일본과 프랑스는 1,000cc 미만의 경승용차 보유비율이 전체의 36%이며, 이탈리아의 경우는 전체의 45%에 달하고 있다. 그러나 우리는 경승용차의 보유비율이 3.2%에 불과하다. 우리의 소득수준이나 교통여건에 비해 자동차의 보유구조가 왜곡되어 있음을 발견하게 된다.

에너지와 환경문제를 동일한 선상으로

교통정책을 추진하면서 에너지 문제를 고려한다는 것이 쉬운 일은 아니다. 최근 교통정책의 방향이 교통 서비스의 질을 향상시키고 신속한 이동을 보장한다는 측면을 강조하고 있기 때문에 에너지 문제를 고려하게 되면 자칫 정책간의 상충이 발생될 수도 있기 때문이다. 그러나 정책의 골간을 무너뜨리지 않으면서 에너지를 절약할 수 있는 교통정책을 추진하는 것이 불가능한 일은 아니다.

에너지문제를 고려한 교통정책으로는 우선 에너지 절약형 자동차를 보급하는 방안을 들 수 있다. 지금 지구촌에서는 자동차배기가스 규제에 따라 자동차회사들이 저공해 자동차개발에 박차를 가하고 있다. 저공해 자동차를 개발하는 것은 곧 대체에너지를 이용할 수 있는 신차의 개발을 의미하기 때문에 에너지 절약형 자동차를 개발한다고 볼 수 있다. 기존 자동차를 대체할 수 있는 신차의 유형으로는 전기자동차, 메탄올차, 압축천연가스차, 수소차, 핵자동차, 태양에너지차 등이 있다.

그러나, 현재의 개발 여건과 환경 규제기준을 고려할 때 실용적으로 평가받고 있는 대체차종은 전기자동차, 메탄올차, 압축천연가스차 등이 개발의 우선순위를 점하고 있다. 따라서 자동차의 에너지 과소비를 근본적으로 줄일 수 있는 내연기관의 연구를 추진하면서 가솔린을 대체하는 정책을 병행한다면 에너지 문제를 어느 정도 완화시켜 나갈 수 있을 것이다.

　두번째는 교통체증을 줄이고 도시의 환경을 개선하기 위한 노력의 일환으로 대중교통을 육성하고 시민들에게 대중교통의 이용을 권장하는 방안을 강구해야 한다. 아직까지 시민들은 버스나 지하철이 어느 정도 경제적이며, 어느 정도 환경에 도움이 되는지 잘 알고 있지 못하며, 당국의 대중교통 육성정책도 실효를 거두지 못하고 있다. 앞으로 도시교통정책은 도로를 건설하여 교통수요에 맞게 교통시설을 공급하는 것 보다는 수요를 관리해 나갈 수밖에 없다. 그런데 교통수요를 관리해 나가기 위해서는 반드시 대중교통이 활성화되어 있어야 한다.

　통행자 한 사람이 100㎞를 이동하는데 방출하는 오염물질의 양에 있어서, 탄화수소의 경우는 버스가 12g을 방출한 반면 승용차는 130g을 방출했고, 일산화탄소의 경우는 버스가 189g을 방출한 반면 승용차는 934g을 방출했다. 버스가 내뿜는 배기가스가 적은 양은 아니지만 승용차에 비하면 상대적으로 매우 적은 양임을 알 수 있다. 에너지 효율측면에서도 결과는 마찬가지다.

　따라서 정부와 시당국은 교통난 해소 뿐 아니라 도시의 환경을 개선하기 위해서도 대중교통을 육성할 필요가 있다. 경영상태가 악화된 버스업계를 지원하고, 차량의 성능을 개선하며, 승차서비스를 제고시킬 수 있는 프로그램을 개발할 필요가 있는 것이다.

　세번째는 작은 차를 탈 수 있는 환경을 조성하는 방안이다. 우리보다 국민소득이 많고, 자동차 보유대수가 많은 일본과 유럽에 소형차가 많다는 것은 이제 주지의 사실이다. 그런데 이러한 선진국의 자동차 소형화 추세는 앞으로도 계속될 전망이다. 현재 확인되고 있는 사실들을 토대로 자동차시장을 전망하면 소형차의 증가추세가 두드러질 것으로 보인다. 이 같은 반응은 계속되는 세계의 불황에 영향을 받은 탓도 있지만, 교통난과 환경문제에 대한 관심이 큰 영향을 주고 있다. 과거에는 경제력이 약한 젊은 사람들이 주로 소형차를 샀으나, 이제는 돈 많은 40대들도 '환경문제를 걱정하는 교양인'이 되기 위해 소형차를 구입하고 있는 것이다.

자동차의 소형화를 이룩하려면 자동차를 구입하고, 보유하고, 운행하는 단계에서 승용차의 크기에 따라 세금과 유지비용을 차등화시킬 필요가 있다. 예를 들면 통행료나 주차료 등을 크기에 따라 차등부과하며, 보유단계와 구입단계에서 부과되는 세금의 누진비율을 더 크게 확대하는 방안을 검토할 수 있다. 뿐만 아니라 자동차를 교체할 때 기존 자동차보다 배기량이 적거나 환경보호성이 우수한 자동차를 구입할 때에는 지하철공채나 취득세를 면제해주는 방안도 강구할 수 있을 것이다.

네번째는 그린모드로서 자전거이용을 활성화시키는 방안이다. 최근 환경문제가 사회적 관심사로 대두되면서 교통부문에서 공해를 줄이는 방법으로 자전거 교통의 중요성이 부각되고 있으며, 또 실제 자전거를 타야 한다는 캠페인이 활발히 전개되고 있다.

일반적으로 자전거는 에너지 효율이 높고, 공해가 없고, 건강에도 좋으며 환경이나 사용자를 해치지 않는 교통수단으로 알려져 있다. 자전거를 보유하고 이용할 수 있는 시설과 제도가 보완된다면 자동차의 보급과 이용을 크게 확대할 수 있을 것이다. 그렇게 되면 자전거가 자동차의 통행수요를 일부 흡수하게 되어 에너지를 절약할 수 있고 환경도 보호할 수 있게 된다.

　다섯번째는 정보통신을 활용하여 교통수요를 흡수함으로써 에너지 소비를 근본적으로 막을 수 있는 방안이다. 향후 도시의 인구는 가치관과 생활양식의 변화에도 불구하고 증가율이 다소 둔화되긴 하지만 전반적으로 증가추세를 보일 것으로 예상되며, 사회가 다원화됨에 따라 인적 물적교류가 활발해져서 교통수요도 계속 증가할 것으로 보인다. 도시는 궁극적으로 늘어나는 교통수요를 모두 수용할 만한 교통시설을 갖출 수 없기 때문에 현재와 같이 양적인 투자를 계속한다 하더라도 교통여건은 쉽사리 개선되지 못할 것이다.

　또한 사람들은 교통혼잡에 따른 시간손실을 줄이기 위해 계획통행이나 경제통행에 관심을 갖게 될 것이며, 교통서비스의 질에 대한 욕구가 커질 것이다. 앞으로 고속교통 수단이 등장하더라도 전국이 일일생활권에서 반일생활권으로 줄어들긴 하겠지만 정보와 물자의 신속한 교류에 대한 소비자의 욕구를 쉽사리 충족시키지 못할 전망이므로, 사람들은 교류에 있어서 시간소비적인 기존의 교통수단을 이용하기 보다는 시간으로부터 해방이 가능한 통신수단을 선호하게 될 것이다. 따라서 통신망을 구축하고 정보통신기기의 보급이 확대된다면 통신에 의한 교통수요는 예상보다 빠르게 진전될 수 있을 것이다.

1. 한 달에 한 번은 승용차를 쉬게 하자

대중교통의 날 행사는 교통개선 효과와 환경보호 차원에서 의미가 크다.

대중교통의 날에 대해서 알고 있는가? 일반인들에게는 아직 생소한 말이겠지만, 풀어서 말하면 자동차를 타고 다니는 사람들이 날짜를 정해서 그날만큼은 차를 두고 버스나 지하철을 타고 출근하자는 날이다.

아직 우리나라에서는 일반인을 대상으로 실시하고 있지는 않고 다만 서울시에서 자체 직원들을 대상으로 매월 첫째 월요일을 대중교통의 날로 정해서 운영하고 있다. 그런데 교통난을 일찍부터 경험한 선진국의 대도시에서 실시하는 대중교통의 날 행사에는 약 40~50% 정도의 시민들이 참여하고 있다. 그러니까 이날이 되면 시내 도로의 승용차가 거의 반으로 줄어들게 되는데 이 때문에 도로 사정은 아주 좋아진다.

그러나 일부 사람들은 특정한 날에만 효과가 있는 이 제도에 별 의미가 없다는 점을 들어서 '대중교통의 날' 행사를 부정적으로 보기도 한다. 좀더 과격한 시민들은 같은 이유로 참여를 거부하고 있다. 여기에 대해서 시당국과 주최측은 다시 반박을 한다. 즉 대중교통의 날 행사는 당일의 교통개선 효과도 크지만 승용차만을 고집하는 사람들에게 새로운 출근 방법을 익혀주고 환경을 생각하게 하는 환경보호의 날로써 의미가 크다고 역설하는 것이다.

사실, 승용차 이용자들에게는 이날이 무척 성가신 날일 수 있다. 더군다나 누구는 참여하고 누구는 안 하고 하는 문제 때문에 고민을 하기도 한다. 그래서 참여율이 쉽게 증가되지 않고 있다.

여기서 우리는 승용차 이용자가 겪는 갈등이 마치 두 명의 죄수가 겪는 딜레마 상황과 유사함을 발견하게 된다.

두 명의 죄수가 각각 독방에 갇혀 있는데 두 사람은 친구지간이고 둘다 공범으로 몰려 있는 상태이다. 교도소의 간수는 두 죄수에게 서로 죄를 친구에게 뒤집어 씌워서 친구를 배반하도록 회유한다. 만일 갑이라는 죄수가 유혹에 넘어가면, 그는 5천 달러의 상금과 자유를 얻게 된다. 반면에 순진한 을은 15년의 구형을 받게 되는 것이다. 만약 을이 갑에게 죄를 덮어씌우면 입장은 정반대가 된다. 두 죄수가 서로에게 죄를 떠넘겨서 신의를 저버린다면, 두 사람의 고발 정신이 참작되어 3년의 금고형을 받게 된다.

그렇지 않고 서로 비밀을 지킬 것이라는 신념을 갖고 둘다 침묵을 지킨다면, 돈은 받지 못한다 하더라도 두 사람은 증거부족으로 모두 풀려난다.

이 상황을 승용차로 출근하는 사람들에게 적용하면 이렇다.
우선 갑은 승용차를 타고 일터로 가지만 을과 같은 많은 사람들이 버스나 지하철을 이용하는 경우이고, 두번째는 갑과 을의 입장이 바뀐 경우이다. 많은 사람들이 차를 두고 왔기 때문에 승용차를 타고 온 한 사람은 많은 이익을 보게 된다. 세번째는 형량감량의 경우인데 갑과 을이 모두 차를 몰고 나오는 경우이다. 체증 때문에 서로를 원망하며 불편해 하는 상태이다. 네번째는 서로가 신의를 지켜서 최선의 이익을 찾을 수 있는 상태인데 이 경우는 갑과 을이 자동차를 함께 타거나 둘 다 대중교통수단을 이용하는 것이다. 이 때는 자가용을 탈 때보다 불편하긴 하지만 공해를 줄일 수 있고, 정체가 일어나지 않아서 가장 효과적인 대안이 된다.

과연 나는 대중교통의 날에 참여할 것인가? 나는 10부제에 참여할 것인가? 이 고민을 푸는 열쇠는 바로 '죄수의 딜레마'에 대한 해답에 있다. 서로를 믿고 차를 세우는 것, 이것이 바로 최선의 대안이다.

녹색 강령

1. 일주일에 한 번, 아니면 최소한 한달에 한 번은 승용차를 세워놓고 대중교통을 이용하자.

2. 대중교통의 날에 참여하면서 지구환경을 생각해보고, 참여하지 않는 주변사람들에게 참여를 독려한다.

정책 제안

1. 지하철의 운행을 늘리고, 버스업체에 대한 지원을 강화해서 대중교통 서비스를 개선한다.

2. 대중교통의 날을 공식 행사로 지정하고, 범정부적인 노력을 경주한다.

3. 버스 전용차선 등 대중교통 우선 정책을 적극 추진한다.

4. 승용차 이용자를 흡수하기 위하여 버스의 승차 서비스(냉난방, 좌석 등)를 향상시킨다.

2. 파크앤 라이드! 키스앤 라이드!

자가 운전자의 30%가 파크앤 라이드에 참여한다면 주요 간선도로의 평균 주행속도는 50∼60km 까지 향상된다.

우리는 '파크앤 라이드'란 말에 얼마나 친숙해 있을까?

영어에 익숙해 있지 않은 사람들은 약간 생소하기도 하겠지만 이 말은 다른 뜻이 아니라 주차하고 갈아탄다는 의미를 지니고 있다. 다시 말해 환승주차방식이라 할 수 있다. 이 파크앤 라이드 출근방식은 1950년대에 지하철망이 발달한 미국의 대도시 주변에서 유행하기 시작했고, 그 이후로 유럽과 일본에서 보편화되었다.

환승주차는 통근자가 출근시 집에서 멀리 떨어지지 않은 지하철이나 철도역까지 자신의 자가용 승용차를 이용하고 역 주변의 주차장에 주차시킨 후 지하철이나 전철로 환승하여 출근하는 통행행태이다. 이 방식이 정착되면 많은 효과가 나타난다. 서울의 경우 도심으로 직접 차를 몰고 출근하는 사람들의 30%가 이러한 출근형태에 참가한다면 주요 간선도로의 평균주행속도가 50∼60km까지 향상될 수 있다. 뿐만 아니라 파크앤 라이드 방식에 의한 통근이 활성화 되면 도심지의 주차난도 완화되고 교통량이 줄어들어서 에너지도 절약되고 배기가스도 줄일 수 있다. 또 출근하는 당사자는 체증 구간을 지하철로 신속하게 통과할 수 있어서 승용차를 이용하는 경우보다 출근시간을 단축시킬 수 있고 여가시간을 이용하여 자기개발을 도모할 수 있는 여유도 얻게 된다.

그런데 왜 파크앤 라이드는 활성화되지 못했을까? 그 이유는 간단하다. 현재 서울을 비롯한 수도권의 역세권 주차장은 30여 개가 운영되고 있지만 규모가 넉넉하거나 무료로 이용할 수 있는 곳은 극히 일부에 지나지 않는다. 그러다 보니 역주변의 주차장에서 빈자리를 찾는 것이 쉽지 않고 차를 세워도 주차비가 부담이 되어 이용을 꺼리게 된다. 그래서 역세권 주차장을 이용한 경험이 있는 대부분의 사람들이 다시 차를 몰고 직접 출근하게 되는 것이다.

결국 취지나 목적은 좋은데 운영이 잘 안되기 때문에 문제가 발생하는 경우라 하겠다. 그렇다고 이대로 방치할 수야 없지 않은가? 날로 심화되는 출근길 교통난, 그리고 에너지문제와 환경문제, 이 모두가 자가용 출퇴근의 역효과라 할 수 있는데 그냥 가만히 있을 수는 없다.

이제부터 이런 출근방법을 실행해 보는 것이 어떨까? 원래 파크앤 라이드 방식의 출근형태가 유행하면서 구미에서는 키스앤 라이드 방식도 함께 유행했다. 키스앤 라이드 방식은 우리의 역세권 주차장처럼 주차여건이 좋지 않은 곳에 매우 유용한 방식으로써, 출근길에 주부가 자동차에 동승해서 지하철역까지 갔다가 남편을 내려주고 차는 주부가 집으로 가져오는 것이다.

키스앤 라이드라는 이름은 지하철에서 부부가 헤어질 때 키스를 하는 데서 유래되었다. 요즈음에는 운전면허를 소지한 주부들이 많으므로 남편을 위해서 주부들이 할 수 있는 새로운 일거리이기도 하다. 물론 이 일은 주부뿐 아니라 운전을 할 수 있는 가족 중 누구나 할 수 있다. 가장을 지하철역에 태워다 주는 대신 가족들은 낮시간에 자동차를 유용하게 사용할 수도 있다.

이미 평촌이나 일산지역에서는 이런 출근형태가 적지 않게 이루어지고 있다고 한다. 아침에 남편을 사당역까지 태워다 주고 저녁에 마중을 나가는 한 주부는 이런 말을 했다. 저녁에 마중을 나가다 보니까 남편이 일찍 들어올 뿐 아니라 술도 안하더라는 것이다. 언제나 아내의 고민거리로 자리잡아 왔던 술로부터 남편을 보호할 수 있다는 바로 이점도 있다.

키스앤 라이드로 남편도 살리고 지구도 살려 보는 것이 어떨까?

녹색 강령

1. 통근축에 지하철 노선이 있다면, 지하철역에 차를 세워두고 지하철로 출근하자.

2. 역세권 주차장이 마땅치 않으면, 가족이 지하철역까지 태워다 주는 방법을 강구하자.

정책 제안

1. 역세권 주차장을 대폭 늘려서 승용차 이용자들을 지하철로 유도한다.

2. 파크앤 라이드 참가자에 대해서 주차요금을 저렴하게 부과시켜서 이 제도를 활성화시킨다.

3. 키스앤 라이드가 정착될 수 있도록 홍보를 강화한다.

4. 주요 역별로 키스앤 라이드 차량의 정차 장소를 확보한다.

3. 출발 전에 통행계획을 세우자

출발 전에 미리 통행계획을 세우면 가장 신속하고, 경제적으로 이동할 수 있다.

최근 들어 각 회사에서는 경영전략의 일환으로 시간관리 계획이니 초관리 전략이니 해서 시간을 아껴 쓰는 운동을 벌이고 있다. 그래서 출퇴근길이나 출장길에도 어떤 교통편을 이용할지, 또 어떤 경로를 택할지 한동안 머리 속에서 상황을 그려보고 난 후에 출발하곤 한다. 이러한 노력은 교통난을 줄이는 데 도움을 줄 뿐 아니라 자신의 통행시간도 줄여주기 때문에 경제적으로도 효율적이다.

우리가 그동안 환경 측면에서 통행계획을 세우지 못했던 것은 그 일이 어렵거나 비용이 들어서가 아니다. 단지 세심한 주의를 기울이지 못한 데서 비롯된 것이다. 미국이나 유럽에서는 시민들이 이미 10년 전부터 환경을 고려한 계획통행을 실천해 오고 있다. 우리도 지구촌의 일원으로서 환경을 보호할 의무를 갖고 있기 때문에, 앞으로 통행계획을 세울 때는 다음과 같은 내용들을 고려하는 것이 좋겠다.

우선, 불필요한 자동차 통행을 줄여야 한다는 것이다. 자동차 통행을 줄이는 방법은 '자동차를 이용해서 통행한다'는 결론을 내리기 전에 다음과 같은 질문들을 자신에게 던져보는 것이다.

이 통행이 정말로 필요한가? 전화나 팩시밀리로 대신할 수는 없는가? 꼭 자동차를 타야 하는가? 대신 자전거나 다른 사람의 차를 같이 타고 갈 수는 없을까? 아니면 버스나 지하철을 이용할 수는 없는가? 하는 질문들 말이다. 좀더 적극적으로 자동차 통행을 줄이려면 이런 질문들을 운전석 앞에 써붙여 놓을 수도 있다. 진실한 마음으로 자기 자신에게 던지는 이런 질문들은 불필요한 통행을 줄여줄 것이다.

또 한 가지, 만일 자동차를 타고 가야 한다면 엔진이 식어있는 차량보다는 시동을 끈지 얼마 안되는 데워진 차를 이용하라는 것이다. 식어있는 엔진에 시동을 걸고 출발하게 되면 약 8km까지는 엔진이 정상적으로 가동되지 않는다. 자동차가 정상적인 가동을 하지 못하는 상태, 이것은 연비가 최소이면서 부품의 마모는 최대가 될 뿐 아니라 오염 배출량이 최고인 상태를 의미한다. 이는 추운 겨울철에 특히 주의할 내용이다. 대부분의 회사에는 업무용 차량이 여러 대 있을 것이다. 그리고 일반 가정에도 자동차가 두 대 이상 있는 경우도 있다. 만일 차량을 골라서 탈 수 있는 경우라면 엔진이 덜 식은 따뜻한 차를 타자.

환경을 고려한 우리의 사전 통행계획, 바로 이러한 노력이 지구를 살릴 수 있다.

녹색 강령

  1. 목적지로 향하는 통행경로를 조사해서 가장 경제적이고, 환경적 도로대안을 찾는다.

  2. 도로사정이 좋지 않을 경우에는 다른 교통수단을 이용하는 방법을 모색한다.

정책 제안

  1. 통신을 이용하여 각종 정보를 사전에 제공받을 수 있도록 통신망 확보에 주력하자.

  2. 통행계획 수립시 참고할 수 있는 정보 지침서를 제작해서 배포한다.

  3. 아파트 단지나 오피스 빌딩 지역에 통행계획에 대한 홍보 간판을 설치한다.

4. 통행 횟수를 반으로 줄이자

여러 가지 일을 묶어서 처리하면 에너지도 절약하고, 환경오염을 줄일 수 있을 뿐 아니라 통행횟수와 주차시간을 줄일 수 있다.

우리는 흔히 아이쇼핑이라는 것을 즐긴다. 백화점이 종합적인 문화 공간으로 자리잡게 됨에 따라 더욱 보편화된 아이쇼핑은 글자 그대로 물건은 사지 않고 눈요기만 하는 구매형태를 의미한다. 일상생활을 하다 보면 따분할 때도 많고 또 사고 싶은 물건이 있는데 돈이 없을 수도 있다. 바로 이때 아이쇼핑은 꽤 적절한 기분풀이 방법이 된다.

그렇지만 이 눈요기 쇼핑을 습관적으로 자주 한다면 또한 문제가 될 수 있다. 어떤 사람은 일년에 한두 번 정도 하지만 또 어떤 사람은 일주일에 한두 번씩 눈요기를 하지 않으면 좀이 쑤신다는 이도 있다. 내 기분대로 내가 보고 다니는데 웬 참견이냐 라고 한다면 할 말은 없다. 하지만, 이제 움직인다는 것이 자신만의 문제가 아니라 다른 사람에게 반드시 피해를 주고 있는 점을 고려한다면 그리 쉽게 외면할 일만은 아니다. 더군다나 아이쇼핑 때문에 매번 차를 몰고 다닌다면 다수의 사람들에게 곤란을 준다는 사실을 깨달아야 한다.

　그렇다면 어떻게 쇼핑하는 것이 바람직할까?

　백화점을 찾는 사람들 중 상당수가 똑같은 문제로 고민하고 있다. "뭔가 살 것이 있을 것 같아서 와 봤는데 별로 사질 못했다는 것이고, 할 수 없이 주차권을 얻기 위해 식품코너에서 물건을 잔뜩 샀는데 그래도 주차권이 모자랐으며, 1시간짜리 주차권을 얻으려면 7천원 어치를 더 사야 한다"는 것이었다. 또다른 경우는 시간이 남아서 걱정하는 사람들의 문제였다. 5만원 이상 물건을 사고서 3시간 짜리 주차권을 받았는데, 두 시간 정도가 남는다는 것이었다. 그냥 가기가 아깝다는 고민이었다. 혹시 이같은 고민을 한 적이 없는가?

　이제 우리도 계획적인 쇼핑을 해야할 때이다. 예를 들어 신선도와 관련이 적은 소비용품과 냉장고에서 보관이 가능한 식품은 월 단위로 수요를 고려해서 구매하고, 불과 며칠 사이에 신선도가 떨어져서 이삼 일에 한 번씩 구입해야 하는 식품은 가까운 슈퍼를 이용한다면 우리는 많은 통행량을 줄일 수 있다.

　이외에도 옷을 사거나 가전제품을 사기 위해 큰 백화점을 가야 한다면 여러 가지 일을 묶어서 처리할 수 있다. 그러니까 책을 사고, 진료를 받고, 은행에 들르는 일들을 백화점에 가는 날짜와 맞춰서 처리하면 우리는 또 한 주에 수차례의 통행을 줄일 수 있다는 얘기다. 이렇게 되면 연료비도 줄이고 3시간의 주차권을 효과적으로 사용할 수도 있을 것이다.

　일상생활 속에서 우리가 통행을 줄이기 위해 노력하는 일, 이것은 개인적으로 시간적 경제적인 이익을 가져다 줄 뿐 아니라 사회적으로는 혼잡비용과 공해를 줄여주는 값진 행동이다. 이제 다함께 통행을 줄이는 데 참여해 보자.

녹색 강령

1. 일을 보기 위해 집을 나설 때에는 반드시 메모를 해서 효율적으로 일을 처리하자.

2. 평소 백화점 등 각종 서비스 기관에 관한 정보를 충분히 수집해 두자.

정책 제안

1. 백화점 등 대형 쇼핑센터가 통신판매를 확대하도록 유도한다.

2. 고객의 주차장 이용시간을 제한하는 등 자동차 이용을 억제하는 정책을 추진한다.

5. 손가락으로 운전하자

일을 보러 나서기 전에 전화로 확인하는 습관을 갖게 되면 헛탕치는 일도 없고 환경오염도 줄일 수 있다.

운전을 하다 보면 짜증나는 경우가 많다. 어디 짜증나는 사람이 운전자 뿐이겠는가? 버스나 지하철을 타고 다니는 사람도 짜증나기는 마찬가지다. 여기 짜증을 덜기 위한 방법을 소개한다. 그렇다고 아주 기발한 것은 아니다. 모두가 알고 있는 사실을 환기시키는 것 이상은 아니니까. 이 방법은 성별이나 나이에 관계없이 쉽게 이용할 수 있고 운전면허증이 없어도 단속대상이 안되는 운전법으로서 흔히 '손가락 운전'이라고 부르기도 한다.

손가락으로 운전을 한다! 무슨 이런 위험천만한 발상을……. 그러나 전혀 위험하지 않다. 왜냐하면 이것은 실제로 자동차를 손가락으로 운전하는 것이 아니라 자동차의 핸들 대신에 바로 전화 다이얼을 돌리라는 말이기 때문이다. 가능한 한 업무를 전화로 처리함으로써 자동차 통행을 줄이자는 그런 얘기다. 요즈음 재택근무 제도가 도입되고 있다 하지만 아직은 극히 일부에서만 운영되고 있기 때문에 출근통행을 통신으로 대신할 수는 없으므로 직접 왕래하

며 처리해야 할 일상의 많은 것들을 전화나 팩시밀리를 이용해서
일을 해결할 수 있다.

우리는 습관적으로 설마라는 말을 되뇌이면서 자동차 키를 들
고 나오곤 한다. 1)설마 지금이 몇 시인데 전파상이 아직도 문을 안
열었을라구, 2) 설마 지금이 몇 시인데 제과점이 문을 닫았을라구,
3) 오늘은 임시공휴일인데 상가가 문을 닫았을까? 4) 그 상점은 제
법 크니까 이 정도 물건은 있을거야!

그러나 이러한 의문을 갖고 그냥 자동차를 타고 출발하는 습관
은 간단히 해결할 수 있다. 문제는 우리가 전화로 확인하는 습관을
갖지 못했다는 것 뿐이다. 제과점이나 상가의 전화번호를 확인하는
일은 결코 어려운 일이 아니다. 한 달이면 두세 종류씩 들어오는 지
역별 상가 전화부는 언제나 가까운 곳에 놓여 있다. 그럼에도 불구
하고 우리는 습관 때문에 그냥 집을 나서는 것이다.

물건을 사거나 서비스를 받기 위해 나섰다가 소위 헛탕을 친다
면 이것은 대단히 기분을 상하게 하는 일이다. 뿐만 아니라 불필요
하게 자동차를 움직이게 하면서 연료를 낭비하고 유해한 배기가스
를 내뿜게 한다.

자동차 통행을 통신으로 대체한다면 개인적으로는 물론 사회
적으로도 경제와 환경부문의 편익이 동시에 발생한다.

'통신은 100% 무공해 교통수단'이다. 앞으로 자동차로 통행하
기 전에 한 번만 더 생각하여 통신을 최대한 이용하도록 하자.

녹색 강령

1. 생활권 전화번호부를 비치하고 전화로 문의하는 습관을 갖는다.

2. 자동차의 헛걸음은 에너지와 시간의 낭비 뿐 아니라 불필요한 오염물질이 배출되는 것임을 명심한다.

정책 제안

1. 통신수단 이용을 권장하는 홍보활동을 강화한다.

2. 통신수단을 통한 정보서비스를 확대한다. (행정 및 금융 서비스, 상품구매 등)

3. 생활권 전화번호부를 알기 쉽고 이용하기 편리하게 제작하여 배포한다.

6. 교통시대의 권력 이동

교통정보, 교통지도 등을 충분히 활용하여 통행계획에 반영하면 교통전쟁에서 승리할 수 있다.

우리는 악화되고 있는 도로여건을 빗대어 교통전쟁이라는 말을 사용한다. 그래서 승자와 패자를 구분하고 싶기도 할 것이다. 교통전쟁의 승자는 누구일까? 자동차의 운전자 혹은 승객 모두가 바라는 점들을 만족시키는 사람이 승자라 할 수 있겠다. 구체적으로 말하면 다른 사람보다 신속하고 안전하게 이동하는 사람이 될 것이다. 물론 수단과 방법을 가리지 않고 빨리만 가서는 안된다.

그러면 어떻게 승자가 될 수 있을까? 이 물음의 해답을 얻기 위해 잠시 앨빈 토플러를 만나보자. 토플러는 그의 최신 저서인 '권력의 이동'에서 우리 사회를 움직이고 역사를 움직이는 힘의 변화에 대해 설명하고 있는데, 그 힘의 변화가 물리적인 힘에서 경제적인 힘으로 그리고 다시 지식과 정보의 힘으로 이어진다고 했다. 결국 오늘날의 승자는 지식과 정보력을 가진 자라는 얘기가 된다.

다시 본론으로 돌아가서, 교통시대의 승자는 과연 누구인가?

대형차인가? 3000cc 이상의 고급차인가? 앞뒤가 막힌 도로에서 빨리 갈 수 있는 자동차는 분명 대형차나 고급차가 아니다. 교통시대의 승자 역시 정보력을 갖춘 사람이 될 수 있다. 즉 도로여건과 교통상황에 밝은 사람이 승리자가 될 수 있다는 말이다.

교통시대의 승자는 어떻게 될 수 있을까? 그것은 간단하다. 우선 자신이 손쉽게 이용할 수 있는 교통지도를 준비한다. 그리고 자신이 자주 다니는 길을 눈여겨 보고, 우회도로가 될 만한 도로를 살펴 둔다. 한 번쯤은 우회도로를 이용하는 것이다. 그 다음은 라디오의 교통정보에 귀를 기울인다. 정보를 흘리지 말고 자신이 가고자 하는 곳에 무슨 일이 일어나는지 주의를 기울인다. 만약 문제가 생겼다면 바로 우회도로를 이용하도록 한다. 이것이 생활화 되면 승리자가 될 수 있다.

승자와 패자는 어떻게 다른가? 이것은 얼마 전 길음 교차로에서 발생했던 상수도 파열사고의 경험을 통해서 알 수 있다. 이 사고는 오후 세 시경에 일어났는데 이날 상계동과 쌍문동을 비롯한 아파트 밀집지역의 주차장은 밤 12시가 되었는데도 빈자리가 많이 남아 있었다. 그 이유는 패자에 해당하는 많은 사람들이 네다섯 시간을 도로에 갇혀서 오지 못했기 때문이다. 반면에 일찍 귀가할 수 있었던 승자의 경우는 먼 거리를 돌아서 온 사람들이었다. 이 사람들은 미리 교통정보를 듣고 구파발—송추—의정부를 통해서 오거나 군자교, 중랑교까지 갔다가 동부도시고속화도로를 통해서 왔다는 것이다. 또 어떤 사람은 차가 한 시간 이상 움직이지 않자 차를 인근의 공터에 세워두고 지하철을 타고 왔다고 했다.

승자와 패자의 갈림길, 이것은 어느 특정한 날에만 있는 것은 아니다. 패자의 입장은 개인적인 손실 뿐 아니라 사회적인 손실을 유발한다. 불필요하게 많은 시간 동안 연료를 낭비하고 배기가스를 방출하기 때문이다.

이제부터는 교통정보를 듣고 이것을 통행계획에 반영할 수 있는 정보시대의 운전자가 되도록 노력하자.

녹색 강령

1. 방송매체의 교통정보 프로그램을 항시 기억해 둔다.

2. 지도를 구비하고 주요도로의 우회도로를 숙지한다.

정책 제안

1. 교통정보 방송이 고급 교통정보를 제공할 수 있도록 예산을 지원하고 제도적으로 보완한다.

2. 교통정보를 효율적으로 수집할 수 있는 교통정보 뱅크를 구축한다.

3. 교통정보 수집체계를 강화한다. (헬기, 비행선 운영 등)

7. 자동차와 지구의 공존법

하이테크가 도입되더라도 자동차의 공해는 여전히 계속된다. 자동차의 이용을 자제하는 것이 최선의 방법이다.

자동차에 대한 일반적인 견해는 어떠할까? 이로운 도구라고 생각하는가? 아니면 사고를 일으키는 흉기라고 보는가?

자동차가 처음 등장했을 때 사람들은 환호를 보냈다. 동물이나 사람의 힘으로 마차를 끌 필요도 없고 기차처럼 레일이 필요하지도 않았기 때문이다. 스스로 달릴 수 있는 자동차가 백년 전에 발명되었을 때 인간의 오랜 꿈은 실현된 것으로 보였다. 더이상 뜨겁고 먼지나는 길을 터벅터벅 걷거나 진흙길을 밟을 필요도 없었고, 무거운 짐꾸러미를 들고 다닐 필요가 없어진 것이다.

자동차가 거리에서 말들을 몰아내자 사람들은 여전히 좋아했다. 그것은 길거리를 지나면서 마차의 말들이 쏟아내는 냄새나는 찌꺼기를 밟지 않게 되었기 때문이다. 그러나 얼마 안 있어 사람들은 자동차도 말들처럼 찌꺼기를 남긴다는 사실을 알게 되었다. 자동차가 빚어내는 혼잡과 오염과 위험은 말의 그것과는 비교할 수 없을 정도로 더 심각했다. 하지만 사람들은 곧 현대과학이 모든 것을 해결할 것으로 생각했다.

지금 정부의 환경당국과 과학자들은 자동차의 촉매장치에 많은 희망을 걸고 있다. 첨단 제어장치로 통제되는 촉매장치가 좋은 환경을 만들어 줄 것으로 확신하고 있는 것이다. 그러나 이 장치는 일부 자동차의 배기가스를 줄일 수는 있지만 대부분의 사람들이 생각하는 것처럼 만병통치약이 될 수는 없다. 촉매장치가 내뿜는 배출물은 이 중 10분의 1이 발암물질로 되어 있고, 또 이 장치는 이산화탄소에 대해서는 거의 무용지물이다. 그리고 정지와 출발을 반복하는 혼잡한 시가지에서는 배기가스를 제대로 거를 수 없고, 엔진이 차가울 때는 작동하지 않기 때문에 단거리 통행에서는 기능을 발휘하지 못한다.

여기서 우리가 얻을 수 있는 교훈은 환경을 개선하기 위해서는 하이테크에만 의존할 수 없다는 것이다. 촉매장치가 일부 오염물질을 제거한다지만 현재 인간이 만들어 내는 전체 이산화탄소의 약 4분의 1이 자동차에서 나온다는 사실은 이것을 입증하고 있다. 아무리 좋은 휘발유를 넣고 좋은 자동차를 탄다 하더라도 결국 우리가 주유소에서 채운 15 갤런의 기름마다 3백 파운드라고 하는 믿을 수 없는 양의 이산화탄소가 공기 중으로 배출된다는 사실을 알아야 한다.

자동차가 이기인지, 흉기인지 그 결론을 내리는 것은 쉬운 일이 아니다. 중요한 것은 자동차가 위협적인 존재이긴 하지만 우리에게 많은 도움을 준다는 사실이고 아직까지 자동차를 대체할 수 있는 교통수단은 나와 있지 않다는 것이다. 그러나 우리가 분명히 알아두어야 할 것은 이제 자동차는 돈만 있으면 부담없이 탈 수 있는 그런 물건이 아니라는 점이다. 단순히 기계적인 자동차 이용에만 의존할 것이 아니라 자동차가 주는 지구의 고통을 생각하며 그 이용에 신중을 기해야겠다.

녹색 강령

1. 하이테크가 만병통치약이 될 수 없다는 사실을 명심한다.
2. 최종적인 문제해결책은 인간의 손에 있음을 상기하고 자동차이용을 자제한다.

정책 제안

1. 자동차의 공해방지와 관련된 연구 및 개발사업에 적극 지원한다.
2. 자동차의 공해배출량과 환경보호측면의 한계점을 시민들에게 밝힌다.

8. 작은 차가 아름답다

소형차는 제작단계부터 폐차단계에 이르기까지 경제적이다.

'작은 것이 아름답다'

이 말은 인간 중심의 경제학을 주장한 영국의 경제사상가 에른스트 프리드리히 슈마허가 쓴 책의 제목이다. 슈마허는 이 책에서 현대 산업문명에 대해, 한정된 자원을 무작정 써버리고 인간의 노동력을 제대로 활용하지 않으며 대규모 조직을 무조건 선호하는 일 등을 비판했다. 다시 말해 그의 주장은 경제체제 속에 속박된 인간을 다시 주역의 위치로 되돌리자는 것이고 이 길만이 인간을 파멸로부터 구할 수 있다는 내용이다. 슈마허는 이미 30년 전에 이런 주장을 펼침으로써 오늘의 상황을 꿰뚫어 보았는데 그의 이론은 우리 사회 전반의 문제와 맥을 같이하는 것으로 현재의 교통문제에도 잘 적용된다.

현재 지구상에는 6억 대의 자동차가 굴러다닌다. 그 중 1%를 약간 넘는 차가 우리나라에 있다. 그런데 자동차는 인류가 만들어 낸 우수 발명품에 속하면서도 에너지 효율면에서는 가장 좋지 못한 것으로 분류된다. 자동차는 원유가 땅 속에서 솟아나올 때 갖고 있에너지의 3%만을 이용하고 있기 때문이다. 이것은 마치 샴페인을 서툴게 터뜨려서 샴페인의 대부분을 마룻바닥에 쏟아버리고 병에는 한 모금 정도밖에 남아있지 않은 것과 같다.

슈마허의 이론대로라면 자동차는 타지 않는게 좋다. 그러나 우리 사회는 이제 자동차 없이는 아무 일도 할 수 없는 그런 사회가 되어버렸다. 만일 자동차의 필요성이 커져서 차를 없앨 단계가 아니라면 우리는 조금이라도 에너지를 덜 소모하는 자동차의 보급을 늘려야 한다. 즉 중대형 승용차보다 소형차의 보급을 늘려야 한다는 것이다.

소형차는 연료를 적게 소모하며 배기가스의 양도 적다. 뿐만 아니라 제작 단계에서부터 재료를 절감할 수 있으며 폐기물의 양도 줄일 수 있다.

만일 자동차를 구입하려고 한다면 우선적으로 소형차를 구입하자. 당연히 구입비용이나 유지비, 그리고 세금이 저렴하다. 게다가 소형차는 오염배출량이 적어서 환경 측면에서도 유리한 교통수단이다. 자동차를 선택하는데 슈마허가 관여했다면 그는 이런 말을 했을 것이다. 작은 차는 아름답다고. 여기서 작은 차가 아름답다는 것은 물론 자동차의 디자인이나 색깔을 의미하는 것이 아니다. 작은 차를 선택하는 사람의 마음이 아름답다는 의미이다.

우리나라는 다른 나라에 비해 아직도 중대형 승용차의 증가율이 높은 편이다. 자동차의 선택이 지구의 환경과 밀접한 관계가 있다는 사실을 명심하고 가급적 소형차를 택하도록 해야겠다. 중대형 자동차에 길들여져 있는 사람이 소형차를 타 본다면 그는 소형차의 매력을 새롭게 발견하게 될 것이다.

| 녹색 강령 |

　　1. 자동차는 실용적인 생활도구란 점을 인식하자.

　　2. 소형차가 경제적이고 친환경적임을 상기하고 소형차를 선호하는 분위기를 만들어 간다.

| 정책 제안 |

　　1. 소형차에 대한 제도적 지원과 세금감면을 확대한다.

　　2. 소형차 보유자가 사회에 기여하는 바를 적극 홍보한다.

　　3. 호텔과 백화점의 옥외주차장에 소형차 전용주차장을 설치하도록 권장한다.

　　4. 소형차에 대한 보험료 할인정책을 추진한다.

9. 자동차냐, 자전거냐!

자동차대신 자전거를 이용하는 것이 곧 지구를 살리는 길이다.

몇해 전 칸느 광고제에는 이런 작품이 출품되었다. 자동차와 자전거가 나오는데 양자를 잘 비교해 주는 것이었다. 이 광고는 한 신사가 자신의 차가 있는 차고로 들어오면서 시작된다. 차고로 들어 온 사람은 자동차로 가지 않고 옆에 서 있는 자전거를 잡는다. 그리고 이런 말을 한다. "이 자동차는 그 동안 환경오염을 줄이기 위해 많은 노력을 해왔고 세계에서 가장 환경적인 자동차입니다. 그러나 아직 이 자전거만은 못합니다. 그래서 저는 자전거를 탑니다" 자전거를 타고 나가면서 이 광고는 끝난다.

바로 이 광고는 칸느 광고제에서 대상을 받은 벤츠자동차의 광고였다. 우리가 여기서 기억해야 할 것은 세계에서 가장 환경적인 자동차라 하더라도 오염을 줄일 수는 있지만 완전히 제거할 수는 없다는 사실이다. 우리가 자전거를 타야하는 이유는 바로 여기에서 찾을 수 있다.

지구상에 극히 일부의 자동차가 굴러다니던 시절에는 배기가스가 큰 문제가 되지는 않았다. 그러나 5억 대의 자동차가 지구 위를 누비는 지금 오염문제는 인류의 생존을 위협하고 있다. 이제 우리는 하루에 각자가 배출할 수 있는 오염량을 할당받고 있는지도 모른다. 전체 오염량이 지구의 자정능력 범위를 벗어나면 그것은 곧 파국으로 가는 길이 될 것이다.

지금 우리가 매일 배출 허용량을 할당받고 있다면 도로상의 모든 운전자들은 자전거를 타는 사람들에게 빚을 지고 있는 것이나 다름 없다. 왜냐하면 자전거는 탄소, 일산화물, 입자물질, 불연소된 탄화수소, 납, 질소산화물, 독성물질 등으로 대기를 오염시키지 않기 때문이다. 그들은 도로를 파손시켜 부가되는 세를 추가하지 않는다. 그래서 자전거를 타는 사람들은 우리의 도시를 훨씬 더 살기 좋고 숨쉬기 좋은 곳으로 만든다.

따라서 우리가 자동차를 타고 가다가 자전거가 걸리적거린다고 생각하는 것은 큰 결례가 된다. 자전거 때문에 속력을 줄여야 한다고 해서 절대로 화를 낼 필요가 없다. 우리가 속력을 줄여야 하는 작은 불편은 그 반대급부로 받는 이익에 비하면 비교할 수 없을 정도로 작은 것이기 때문이다.

이 말이 이해가 된다면, 그 다음은 직접 자전거를 타는 생각을 해 보자. 우리는 흔히 자동차를 사면 자전거는 남을 주거나 폐기시켜 버리는 모습을 주위에서 보게 된다. 그러나 이는 잘못된 일이다. 자전거는 자동차와 공유할 수 있는 교통수단이다. 자동차를 끌고 나가지 않아도 될 곳은 자전거를 탈 수 있게 말이다. 자전거 교통 분담율이 30~40%나 되는 유럽과 일본의 도시를 가보면 자전거를

타는 사람들 대부분이 자동차를 갖고 있다는 사실이 이를 뒷받침해
준다.

비디오 테잎을 빌리고, 꽃을 사러 가고, 과일을 사러 가는데 차
를 몰고 가서야 되겠는가? 짧은 거리는 걷고, 걷기에는 먼 거리일
때 자전거를 타자. 그리고 자전거 도로나 자전거 보관소가 늘어나
면 자전거로 출퇴근하는 방법에 대해서도 생각을 해보자.

그 동안 지하철을 타거나 버스를 타거나 자전거를 타고 다녔던
많은 사람들에게 진 빚을 갚기 위해서 승용차를 타는 사람들은 자
전거를 타는 노력을 게을리 하지 말아야 하겠다.

녹색 강령

1. 자동차와 자전거를 용도에 따라 선별적으로 이용해서
가급적 배기가스에 의한 오염을 줄이도록 하자.
2. 운전시에는 자전거 이용자를 보호함으로써 자전거의
안전도를 높여야 한다.

정책 제안

1. 자전거 전용도로를 확대하고 자전거 보관소를 설치하
여 이용율을 높인다.
2. 자전거의 안전규정이나 보험제도를 보완해서 자전거
이용자의 권익을 보호한다.

10. 걸어야 예술도 산다

우리는 운동을 하기 위해 자동차로 헬스클럽을 찾고, 엘리베이터를 타고 헬스장에 도착하는 모순을 범하고 있다.

요즘 TV를 보면서, 음악은 온통 요란스런 몸동작과 랩이 휩쓸고 드라마는 감각적인 사랑싸움뿐이라는 생각을 하게 될 것이다. 출판물도 예외는 아니다. 시와 소설이 제목만 요란스러웠지 내용이 없는 속빈 강정이라는 애기들을 많이 한다. 시대가 변하니까 예술도 변할 수 있는 것이고, 그래서 랩도 나오고 껍데기 문학도 나올 수 있을 지도 모른다. 물론 지금 예술사조에 대한 애기를 하려는 것은 아니다. 다만 이러한 변화가 우리의 교통여건 변화와 무관하지 않다는 사실을 말하고자 하는 것이다.

괴테와 멘델스죤, 릴케, 로렌스, 보봐르……이 사람들은 적어도 오늘날의 예술가, 작가, 시인, 음악가들과는 다른 생활을 했다. 이들은 모두 걸어서 이탈리아, 스페인, 그리고 프랑스의 남부지방을 여행했다. 자동차가 없었으니까 걸어 다녔겠지라고 반문할 수 있겠지만 이들은 모두 자동차는 아니더라도 호화로운 마차를 탈 수 있는 그런 사람들이었다. 그러나 이들은 걸었다. 자신의 두 발로 직접 세상을 접촉하면서 삶을 배웠는데 만일 마차를 이용했더라면 많은 것을 얻지 못했을 것이다.

걸어다니면서 그들은 나무 울타리를 따라 온갖 꽃들과 오솔길을 가로지르는 토끼를 보았다, 수염을 길게 기른 백발 노인을 보았고, 빵과 치즈 그리고 포도주를 주는 착한 부인들도 만났으며, 마을 우물가에서 예쁜 아가씨들과 이야기도 나누었다. 이것들은 여행자들의 생애에서 가장 행복했고 가장 기억에 남았던 순간이었다. 만약 이들이 마차를 타고 여행을 했었다면 좀 편하긴 했겠지만 바퀴의 소음과 먼지 때문에 이런 광경들을 제대로 포착하지 못했을 것이다. 우리나라의 정철이나 윤선도, 그리고 김홍도 등과 같은 부류라고 할 수 있다.

그런데 오늘 우리들의 생활은 어떤가? 사무실이나 집주위에서 걷는 것을 제외하면 차를 타기 위해 걷고, 지하철을 타기 위해 걷는 것이 고작이다. 그러다 보니까 우리는 이제 걷기 위해서 헬스클럽을 찾기까지 한다. 차를 타고 헬스클럽에 도착하고 엘리베이터를 타고 헬스장에 간다. 그리곤 아무 생각없이 '워커(walker)'라는 기계 위에서 잠시 걷다가 다시 차를 타고 돌아온다. 이것은 무엇을 말하는가? 기계 위에서 5천 보를 걸을 수 있지만, 그래서 많은 거리를 걸었다고 할 수 있지만 이것은 괴테나 멘델스존의 도보와는 다른 것이다.

우리가 지금과 같은 통행방식을 고집하고, 그래서 더욱 자동차에 의존하게 된다면 우리의 문화와 예술은 점점 인간미를 잃어가고

이는 문화나 예술에 그치는 것이 아니라 우리의 삶과 환경을 변화시킬 것이다.

　아직 늦지는 않았다. 그래도 들을 만한 구석이 있고 볼 만한 소설이 있는 지금은 괜찮다. 우리의 일상에서 걷는 양을 늘리고 차량 통행을 줄여 보자. 그러면 각 개인은 물론 가정과 사회도 건강해질 것이다. 여기에는 신체적인 건강뿐 아니라 정신적인 건강도 포함되어 있다. 그리고 그 건강한 신체와 마음들은 지구를 맑고 깨끗하게 하는데 반드시 도움을 주게 될 것이다.

녹색 강령

　1. 걸을 수 있는 거리는 자동차를 이용하지 않고 걸어서 가도록한다.

　2. 걷기 위해서 자동차를 타는 모순을 범하지 말자.

정책 제안

　1. 보행자 공간을 점검해서 쾌적한 보행환경을 조성한다.

　2. 보행이 가져다 주는 효과를 홍보한다.

11. 경제속도가 환경속도

60km의 경제속도가 연료소모, 오염배출량이 적은 가장 환경적인 속도이다.

경제적인 주행속도가 얼마인지 들어 보았을 것이다. 알다시피 경제속도는 시속 60km이다. 지금부터 10여 년 전 우리는 석유파동을 겪으면서 귀가 따갑게 경제속도란 말을 들어야 했고, 하루에도 여러 번씩 버스나 택시에 붙여져 있던 '경제속도' 스티커를 보아야 했다. 우리가 잊을 수 없는 속도, 바로 시속 60km이다!

그렇다면 환경속도는 얼마일까? '환경속도' 하니까 의아해 하는 사람도 있을텐데, 바로 경제속도에 대응해서 환경속도란 말도 생겨났다. 물론 이 말은 환경문제를 중시하는 선진국에서부터 사용하기 시작했다. 즉 경제속도가 단위거리당 연료의 효율성을 고려해서 연료가 가장 적게 소모되는 속도라고 한다면, 환경속도는 단위거리당 오염 배출량의 가장 적은 속도를 의미하는 것이다.

그런데 경제속도와 환경속도는 서로 의미는 다르지만 속도기준 만큼은 서로 동일하게 되어 있다. 결국 경제속도와 환경속도가 같다는 말이다. 즉 연료가 적게 소모되는 상태가 오염 배출량도 가장 적다는 것을 의미한다. 국제적으로 경제속도는 시속 60km∼70km로 규정되어 있는데 환경속도도 이와 동일한 속도로 정해져 있다. 그러니까 가장 경제적인 것이 가장 환경적이라고 할 수 있는 것이다.

하지만 실제 이 속도 기준을 지킨다는 것이 쉬운 일은 아니다. 특히 도로가 훤히 뚫린 고속도로나 올림픽대로에서 시속 60km로 달리기 위해서는 상당한 인내심이 필요하다. 뿐만 아니라 구간에 따라서는 체증을 유발하는 요인이 되기도 한다. 이런 경우에는 교통의 흐름에 따라 주행을 하되, 가급적 시속 110km 이하로 속도를 유지하는 것이 좋다.

속도를 제대로 낼 수 없는 시가지에서는 환경속도를 지키는 일이 그리 어렵지는 않다. 시가지에서는 과속을 할래야 할 수도 없고, 정체구간만 지나면 환경속도를 유지할 수 있는 곳이 많기 때문이다. 사실 시가지에서 시속 80km 이상의 속도를 내려고 하면 반드시 급가속과 급감속을 해야 한다. 이삼백 미터에 한 개씩 있는 교차로와 횡단보도의 신호를 지키면서 그 속도를 유지하려면 급출발과 급정거를 할 수밖에 없는 것이다.

속도를 너무 내도 곤란하지만 그렇다고 속도를 너무 낮춰도 곤란하다. 환경속도로 달릴 수 있는 여건에서 속도를 그 이하로 낮춘다면 이것 역시 연료를 더 소모하고 불필요한 오염물을 방출하는 것이기 때문이다.

우리의 소득이 향상되면서 한때 '경제속도를 지키는 일'을 다소 소홀히 한 적도 있지만 이제는 시속 60km가 경제속도일 뿐 아니라 환경속도라는 사실을 명심하고 이 기준을 다시 상기하여 지키도록 해야 한다.

속도에 관한 한 '가장 경제적인 것이 가장 환경적'이다. 환경속도를 지키는 우리의 노력, 바로 이 노력이 지구의 건강을 회복시킬 수 있다.

녹색 강령

1. 지나친 저속이나 과속은 모두 환경에 나쁜 영향을 주므로 상황에 따라 적정속도를 유지한다.
2. 급가속과 급감속을 하지 않는다.

정책 제안

1. 구간별로 적정속도를 알리는 안내표지를 설치한다.
2. 환경속도의 개념에 대한 홍보를 강화한다.

12. 30초 규칙을 지키자

불필요한 공회전을 줄임으로써 연료소모를 줄일 수 있다.

우리 사회에서 그 동안 30초 규칙이란 말이 사용된 적은 거의 없다. 얼핏 생각하면 금연을 하거나 식사 후 양치질을 하는데 필요한 규칙 같기도 하고, 또는 바둑의 초읽기에 관련된 용어 같기도 하다. 그러나 '30초 규칙'은 이런 것들과는 전혀 무관하다.

30초 규칙이란 자동차가 정차할 경우 엔진을 30초 이상 공회전시키지 말라는 규칙이다. 다시 말하면 운전 중에 엔진을 30초 이상 공회전시키지 말고 엔진을 정지시키고 나중에 다시 시동을 걸어 출발하는 것이다. 이렇게 하면 연료절약과 환경 측면에서 훨씬 효과적이기 때문이다.

왜냐하면 자동차가 정지해 있다고 해도 공짜로 서있는 것이 아니기 때문이다. 멈춰 있어도 엔진을 정지하지 않는다면 연료는 계속 소모되고 배기가스도 계속 배출된다. 만일 자동차를 세워 놓고 엔진을 그 시간 동안 공회전 시킨다면 연료는 최대 4리터까지 소모된다. 그러니까 공회전 1시간에 2,400원 상당의 연료가 소모되고, 30초에는 20원 정도의 휘발유가 닳아 없어진다. 사실 연료비만 따지면 얼마되지 않는다고 생각할 수도 있다. 그러나 불필요한 공회전은 연료비만 증가시키는 것이 아니라 환경오염에 따르는 사회적 비용도 증가시킨다.

우리가 운전 중에 공회전을 줄일 수 있는 기회는 하루에 적어도 열 번 정도는 접하게 된다. 그 기회는 우선 꼬리를 물고 정체해 있는 도로상이나 신호를 대기해야 하는 교차로에서 발생되고, 연료를 넣는 주유소나 간단한 부품을 교체하는 카센터에서 발생하기도 한다. 경우에 따라서는 담배가게 앞이나 또는 우체통 앞에서 생겨날 수도 있다.

시내를 주행하다 보면 특별히 신호주기가 긴 교차로들이 있다. 또 경찰이 신호등을 임의로 작동하는 교차로에서도 신호 대기시간은 매우 길어진다. 예를 들면 과천 관문 사거리나 교문 사거리, 그리고 잠실 사거리와 같은 교차로는 대기시간이 다른 곳보다 긴 편이어서 30초 규칙을 지키기에 충분하다. 30초 규칙을 지킬 기회는 평일 뿐 아니라 주말에도 많다. 가령 경마장이나 서울대공원 같은 교통집중시설을 출입할 때도 그렇고, 또는 음료수를 사거나 아이들의 간식을 살 때도 기회는 있다.

독일이나 스위스에서는 이미 이 규칙이 생활화 되어 있다. 유럽의 일부 도시에는 교차로마다 공회전을 줄이라는 안내표까지 서 있다. 아직 서울의 교차로에는 이러한 표지도 없고 시당국의 노력이 적음에도 불구하고 시민들이 자발적으로 이 규칙을 잘 지킨다면, 이것이야 말로 우리 스스로 환경을 보호하는 민주시민임을 입증하는 길이 될 것이다.

　엔진을 끄고 시동을 다시 건다고 해서 자동차의 수명이 단축되지는 않는다. 그리고 시동이 다시 걸리지 않을까 고민할 필요도 없다. 이제 국산차도 1차적인 자동차 성능에는 전혀 이상이 없기 때문이다.

녹색 강령

　1. 각자 공회전 사례를 생각해 보고 문제점을 확인한다.

　2. 운전석 앞에 30초 규칙을 써붙여 놓고 공회전을 줄인다.

정책 제안

　1. 공회전을 줄이기 위한 안내 표지판을 설치한다.

　2. 30초 규칙에 대한 홍보를 강화한다.

　3. 일정시간 이상 공회전시 엔진이 자동으로 정지하는 자동차의 보급을 검토한다.

13. 교차로는 이렇게 통과하자

신호의 변화를 무시해서 운전하면 교차로의 교통흐름에 방해가 된다.

우리나라 사람들의 운전습관 중 좋지 못한 것이 있다면 너무 조급하게 운전하는 것이라고 할 수 있다. 신호가 떨어지기도 전에 출발을 하고 앞차가 가지 않으면 경적을 올리고 늘 횡단보도의 정지선을 지나서 차를 세우는 것 등 모두가 조급증에 기인한다고 하겠다.

그런데 외국에 비해서 우리 운전자들이 보다 느긋하게 운전하는 곳이 한 군데 있다. 그곳은 공교롭게도 조급증의 행태가 가장 잘 나타나는 교차로이다. 정지할 때나 출발할 때는 급하지만 교차로를 통과하는 전체 차량들의 속도를 보면 답답하다고 할 만큼 더디게 움직인다는 것이다. 교차로에서는 한정된 교통량밖에 통과할 수 없다. 대부분 이런 사실을 알고 있지만 자신의 행동과 전체 교통상황을 연관지어 생각하지는 않는 것 같다. 그래서 뒤에서 신호를 대기할 때는 앞차가 빨리 빠져 나갔으면 하는 바램을 갖고 있다가도 막상 자신이 신호를 받아 진행할 때는 그 순간을 만끽하고 싶어서인지 오히려 천천히 지나가는 경우가 많다.

　물론 안전 운전을 하려면 서행하는 것이 중요하다. 그러나 교차로라는 곳은 녹색 신호를 받은 시간 동안만 차량이 통과할 수 있으므로 그 시간만큼은 가장 효율적으로 사용하는 것이 바람직하다. 왜냐하면 교차로에서 대기하는 시간이 길어진다면 그것은 시간을 낭비하는 것은 물론이고 연료를 낭비하고 환경오염을 가중시킨다는 사실을 의미하기 때문이다.

　교차로를 통행하는 방법이 잘못되어 낭비와 오염을 증가시키는 경우는 관련 법규를 잘 모르는 데서도 나타난다. 시내를 주행하다 보면 아직도 우회전을 하면서 보행신호의 녹색 신호가 사라질 때까지 기다리는 운전자들이 있다. 그러나 이 경우 안전에 전혀 지장이 없다면 통과할 수 있도록 법규가 개정되어 있다.

　또 신호의 변화를 미리미리 관찰하지 않음으로서 급정거를 해야 하는 경우도 연료의 낭비와 오염을 증가시키기는 마찬가지이다. 운전자는 100m 전방부터 신호등의 변화를 관찰할 수 있는데, 만일 100m 전방에서 적신호로 바뀌었다면 가속페달을 더 이상 밟고 있을 필요가 없다. 가속페달을 밟지 않더라도 자동차는 교차로의 정지선까지 접근할 수 있기 때문이다. 그러나 만일 운전자가 이런 상황을 인식하지 못하고 가속페달을 계속 밟게 되면 결국 급정거를 해야 하고 이것은 에너지 사용이나 환경 측면에 좋지 못한 영향을 주게 된다.

　이제부터 교차로를 지날 때는 적어도 100m 전방부터 신호등을 살피고, 이 변화에 따라서 절약운전을 하도록 하자. 그리고 운전자

살피고, 이 변화에 따라서 절약운전을 하도록 하자. 그리고 운전자는 신호등의 변화를 주시하여 자신 때문에 교차로의 차량 흐름이 늦어지는 일이 없도록 해야겠다. 또한 차선을 잘못 들어서 직진이나 좌회전 차량들에게 체증을 유발하는 일이 없도록 해야 한다.

교차로에서 원활한 소통을 위해 노력하는 일은 에너지 절약이나 환경보호에도 좋은 일이다. 지구를 살리는 일, 지금 이 순간부터 실천하자.

녹색 강령

1. 교차로에서는 머뭇거림 없이 신속하게 이동한다.
2. 전방의 신호 변화를 주시하고 불필요한 정지나 가속을 하지 말자.

정책 제안

1. 교차로 잘못된 신호주기를 바로 잡는다.
2. 교차로 통과요령을 홍보한다.

14. 당신의 경제운전 점수는?

모든 운전자가 경제운전자라면 우리는 에너지문제로 걱정할 필요가 없다.

우리는 교통과 환경이라는 상반된 두 요소에 대해 많은 얘기를 들어왔다. 그리고 어느 정도 경제와 환경을 생각하며 생활하는 사람도 있을 것이다. 이제 우리의 경제운전 점수가 얼마나 되는지 알아볼까 한다.

아래의 질문을 보고 '예' 아니면 '아니오'로 응답하면 된다. 특히 '예'라고 응답한 항목이 모두 몇 개나 되는지 기억해 둔다.

1. 자동차가 3분 이상 공회전할 때 엔진을 정지시키는가?
2. 최소한 한 달에 한 번은 타이어를 점검하는가?
3. 과속을 하지 않으려고 노력하고 있는가?
4. 정기적으로 엔진을 검사하는가?
5. 정기적으로 촉매장치를 검사하고 있는가?
6. 급감속·급정거를 하지 않고 안정적인 속도로 운행하는가?
7. 운전중에 제한속도를 잘 지키고 있는가?

8. 차를 살 때 자동차의 연비에 관심을 갖는가?

9. 자동차의 연비에 대해 꾸준히 기록하고 있는가?

10. 차계부를 적고 있는가?

지금까지 총 10개 문항에 대해 응답했는데, 각자 '예'라고 답한 것이 몇 문항인지 기억하고 다음의 기준과 비교해 보자.

0—3 이면 =〉 낭비형 운전자

4—6 이면 =〉 보 통 운전자

7—10 이면 =〉 경제형 운전자

3개 이하로 낭비형이거나 6개 이하로 보통인 운전자는 경제형 운전자가 되도록 노력해야 할 것이다. 절약형 운전자가 바로 환경 운전자임을 명심하자.

녹색 강령

1. 자신의 경제운전 점수를 주기적으로 확인하자.

2. 모든 운전자가 경제운전자가 될 수 있도록 노력하자.

3. 주변의 운전자에게 경제운전 내용을 일러준다.

정책 제안

1. 경제운전이 필요한 이유를 설명하고 운전자의 협조를 당부한다.

2. 경제운전 행위를 제도적으로 뒷받침하는 방법을 강구한다.

3. 운전면허 시험 내용에 경제운전 항목을 추가로 삽입한다.

15. 환경을 고려한 주차방법

약간의 걷기를 감수하는 부지런한 주차습관이 환경적으로 우수하다.

대부분의 운전자는 자동차를 주차하면서 주차 습관이 환경문제와 관련이 있다는 사실을 인식하지 못한다. 그러나 주차는 자동차 운행의 연장으로서 주차행태에 따라 환경에 미치는 영향이 달라진다.

환경을 고려한 주차행태로 들 수 있는 것으로,

첫째, 주차장에 진입하면 가장 먼저 발견한 빈 자리에 주차하는 것이다. 백화점이나 대형빌딩의 주차장에서 목적지와 가까운 곳에 주차하려고 주차장을 맴도는 운전자들이 있다. 만일 주차할 곳이 있었는데도 단지 걷기 싫다는 이유로 차를 세우지 않고 더 좋은 자리를 찾기 위해 이동했다면 그것은 불필요한 오염물을 배출한 것이나 다름없다.

둘째, 차고나 지붕이 있는 주차장이 있다면 가급적 이곳을 최대한 이용하는 것이다. 이런 장소에 차를 세우면 덥고 건조하고 먼지가 많은 곳에 있는 경우보다 가솔린이 덜 증발되기 때문이다. 만일 적당한 공간이 없다면 가급적 태양의 직사광선으로부터 노출된 곳보다는 그늘에 주차하는 것이 바람직하다. 왜냐하면 그늘은 가솔린의 증발을 최소화하기 때문이다.

셋째, 목적지에서 좀 떨어진 곳에 주차하는 것이다. 주차할 때 곤란한 적이 없는지 더듬어 보면 그것은 대개 예식장이나 세미나장과 같은 행사장, 시청이나 구청 같은 관공서, 그리고 위락시설이 밀집한 지역 등이다. 이런 곳에서는 조금이라도 더 차를 타고 목적지까지 가다 보면 여지없이 좁은 도로에 차들이 얽혀 있는 상황을 접하게 된다. 그러나 이때는 이미 선택의 기회를 놓친 후다. 이미 자신의 자동차 뒤로 여러 대의 차가 버티고 있기 때문이다.

옴짝달싹하지 못하게 되어 평생 한번 치르는 결혼식의 주인공을 만나지 못하거나 세미나의 주요내용을 놓치는 일이 없도록 하려면 앞으로 자동차는 목적지에 가깝게 세우려고 하지 말고 좀 떨어진 곳에 주차하는 것이 좋다. 적어도 목적지에서 500m 이상 떨어진 곳에 주차하는 것이 좋겠다.

넷째, 저녁에 귀가해서 그 이후로 자동차를 사용하지 않는다면 자동차는 바로 차고나 주차장에 세우는 것이다. 임시로 차를 주차해 놓고 식사를 하거나 9시 뉴스를 시청한 후에 자동차를 옮겨 놓으려면 또 다시 차가운 엔진에 시동을 걸어야 한다. 실제 자동차의 이동거리가 불과 몇 미터밖에 안된다 하더라도 그것은 정상운행으로 몇 시간 동안 움직이는 경우보다 더 많은 오염물질을 배출한다. 뿐만 아니라 그날 저녁의 짧은 운행은 자동차의 엔진을 마모시킨다. 맥도널더글라스 항공사의 운송부는 기계적인 엔진마모의 90∼95%가 차가운 엔진에 시동을 건 후 처음 10초 동안에 일어난다는 사실을 발표한 적이 있다. 엔진이 식은 상태에서 시동을 걸 때 일어나는 마모는 고속도로를 800km 주행할 때 일어나는 마모와 맞먹는다는 것이다. 엔진이 식은 후에 자동차를 움직이지 말고 가능한 한 도착후에 바로 주차하도록 하자.

녹색 강령

1. 주차시에는 어느 정도 걷는 것을 감수하는 편이 환경오염도 줄이고 더 편리한 것임을 인식한다.

2. 엔진이 식은 후에는 가급적 자동차를 움직이지 않도록 한다.

정책 제안

1. 주차장의 차광시설과 방풍시설 설치를 의무화한다.
2. 주차장 이용요령 및 주차방법을 적극 홍보한다.

16. 운전습관이 환경도 망친다

올바른 운전습관을 갖게 되면 환경오염을 현저히 줄일 수 있다.

우리는 현재 어떤 운전 습관을 갖고 있을까? 앞으로는 어떤 방식으로 변할까?

잘못된 운전습관이 환경을 오염시키는 원인이 될 것이라고 생각해 본적이 있는가? 만일 아래에 제시하는 운전행태에 해당된다면 습관을 고치도록 해야 한다. 왜냐하면 잘못된 습관은 교통안전에도 방해가 되고 환경에도 나쁜 영향을 미치기 때문이다.

문제가 되는 운전습관에 대해 몇 가지 나열해 보면,

첫째, 먼지나는 비포장도로나 공사구간에서이다. 비록 자동차가 일으킨 먼지의 입자들 대부분이 결국 땅에 다시 가라앉는다 하더라도, 상당수의 가벼운 입자는 공중에 남게 되고 이 중 일부는 바람을 타고 대기중을 떠돌게 된다. 그런데 이 미세한 먼지 입자들은 총체적으로 공기를 오염시키는 요인이다. 특히 자동차에 의해 일어나는 먼지는 대기오염을 일으키는 한 형태임을 명심해야 한다. 만일 알레르기 체질을 가진 사람이라면 이 점이 얼마나 중요한지 이해할 수 있을 것이다. 흙먼지가 날리는 길에서는 서행해야 한다.

둘째, 가속페달을 신중히 밟지 않는 태도이다. 급출발을 없애기 위해서는 운전습관을 바꿔야 하지만 잘못된 습관은 쉽게 고쳐지지 않는다. 이 경우는 발과 가속페달 사이에 계란이 있다고 생각하고 계란을 깨뜨리지 않고 가속하는 방법을 습관화하는 것이 좋다.

셋째, 앞차에 가까이 붙는 습관이다. 앞차와 거리를 두지 않고 가까이 붙으려고 한다면 브레이크와 가속페달을 많이 밟아야 한다. 밤길이나 초행길에서는 앞서 가고 있는 차가 운전에 좋은 지표가 될 수 있는데 가까이 붙는다면 이 경우는 도움이 되지 않는다. 그렇다고 너무 느리게 갈 필요는 없다. 추월할 필요가 있다면 추월을 하되 만일 앞차가 적정한 속도로 달리고 있다면 일정한 거리를 두고 앞차의 속도를 유지하면서 따라가는 것이 좋다.

조급하고 욕심 많은 운전습관, 이것은 운전자의 안전을 위협할 뿐 아니라 환경을 오염시킨다. 좋은 운전습관이 지구를 살린다는 사실을 명심하자.

녹색 강령

1. 주변 차량의 주행상태와 도로여건을 고려해서 운전한다.

2. 가속페달을 많이 사용하지 않는 습관을 갖는다.

3. 비포장 구간에서는 반드시 서행한다.

정책 제안

1. 잘못된 운전습관을 시정해 주는 기회를 제공한다.

2. 운전면허 교육시 올바른 운전습관에 대해서 강조한다.

3. 비포장 구간이나 공사구간에는 운전자가 서행하도록 도로표지를 설치한다.

17. 당신은 녹색 운전자인가?

녹색 운전자는 모범 운전자이며 교통시대의 바람직한 표상이다.

당신은 과연 환경을 생각하는 녹색 운전자인가?

이 질문에 대해 자신있게 대답할 사람은 많지 않을 것이다. 그 이유는 우선 그 동안 운전을 하면서 환경을 생각한 적이 많지 않아서도 그렇고 녹색 운전자를 구분하는 방법을 모르기 때문에도 그러할 것이다. 그런데 유럽에서는 자신이 녹색 운전자인지 알아볼 수 있도록 자가 진단표를 만들어 놓았다. 이 자가 진단표에는 전부 10개의 항목이 있는데 해당 항목이 많을수록 녹색 점수가 높아진다.

여기 점검 항목을 열거할텐데, 자신에게 해당되는 항목이 모두 몇 개나 되는지 점검해 보기 바란다.

1. 나는 차를 타기 전에 나 자신에게 과연 이 통행이 필요한 것인가 질문한다.
2. 나는 버스를 기준으로 한 정거장 정도의 거리는 걷거나 자전거를 이용한다.
3. 나는 직장이나 주택을 선택하는데 있어 집과 직장간의 거

리를 중요시한다.

4. 나는 대중교통이나 카풀을 이용할 수 있을 경우에는 승용차를 두고 다닌다.

5. 나는 배기가스를 내뿜는 자동차를 보면 신고할 자세가 되어 있다.

6. 나는 일주일간 쇼핑하는 횟수가 두 번을 넘지 않는다.

7. 나는 자동차 이용을 줄이기 위해 스포츠나 쇼핑시설 등 편익시설은 가급적 집 근처에 있는 시설을 이용한다.

8. 나는 오토바이를 포함해서 가족이 소유한 차량을 모두 합해도 두 대를 넘지 않는다.

9. 나는 운전 중에 급출발과 급가속을 하지 않는 등 배기가스를 줄이는 환경운전을 한다.

10. 나는 주말이나 휴가계획을 세울 때 승용차 이용을 피하는 쪽으로 생각한다.

여기까지 10개 항목을 모두 나열하였다. 과연 몇 개 항목이 자신에게 해당되는가?

이 점검표 내용 중에서 해당 항목이 7개가 넘으면 그 사람은 환경을 생각하는 운전자로서 녹색 운전자로 분류된다. 그러나 해당 항목이 6개에서 4개 사이라면 그 사람은 황색 운전자이고, 만일 3개 이하라면 이 사람은 환경문제를 등한시하는 적색 운전자이다.

자기 자신의 환경운전 점수가 어느 정도인지를 가늠해 보고 우리 모두 녹색 운전자가 되도록 노력해야 한다. 녹색 운전자가 많을수록 우리 사회는 깨끗하고 투명한 사회로 발전될 수 있는 것이다.

녹색 강령

1. 운전자 자신이 과연 환경운전자인지 주기적으로 확인해 본다.
2. 모든 운전자가 녹색 운전자가 되도록 노력한다.

정책 제안

1. 녹색 운전자가 될 수 있도록 제도적인 개선을 선행한다.
2. 녹색 운전자가 존경받는 분위기를 조성한다.
3. 환경운전 요령을 운전면허 시험에 반영한다.
4. 자동차 메이커가 환경운전 요령을 담은 가이드북을 제작하여 배포한다.

18. 반 환경적인 자동차세

작은 차를 타는 사람에게 혜택이 돌아갈 수 있도록 세제는 바뀌어야 한다.

자동차를 갖고 있는 사람이면 모두가 우리의 자동차세금이 너무 많다는 생각을 하게 된다. 그런데 이것이 단지 느낌에 의한 것이 아니라 다른 나라의 세금수준과 비교해 보면 정말 우리의 세금이 비싸다는 사실을 확인할 수 있다. 그러나 정작 중요한 문제는 세금이 많은데 있는 것이 아니라 세금구조가 에너지 과소비나 환경오염을 부추키는데 일조하고 있다는 사실이다.

우리의 자동차세금은 모두 12가지인데 구입과정 3가지, 등록과정 4가지, 보유과정 3가지, 이용과정 2가지로 구분된다. 이것은 선진국에 비해 2배 내지 4배나 많은 것이다. 우리나라는 구입과정에서도 소비자부담이 출고가격의 145%로서 선진국에 비해 20~30% 높은 편이고, 보유과정의 세금도 1500cc 자동차를 기준으로 할 때, 선진국의 150~300% 수준에 있다.

이렇게 해서 거두어 들인 것이 지난 90년에 4조원이었고 그 규모가 계속 늘어 나면서 올해는 약 8조원에 이를 전망이다. 서울시의 일년 예산과 맞먹는 규모이다. 물론 기름도 안나고 도로여건이 열악한 환경에서 자동차와 도로에서 세금을 많이 부과하는 것을 이해하지 못할 국민은 없을 것이다. 그러나 이 돈을 어디에 쓰고 있는가를 살펴 보면 우리가 세금을 많이 내면서도 참고, 또 출근길의 짜증을 참아내는 보람을 찾기가 힘들다. 현재로서는 자동차 관련 세금의 38%만이 교통부문에 투자되고 있기 때문이다.

그런데 앞으로 자동차세금은 더 오를 것 같다. 교통부와 건설부가 도로 등 교통시설특별회계법을 만들어 휘발유와 경유의 특소세를 목적세로 전환하면서 세율을 대폭 인상했기 때문이다. 이 법의 입법취지는 유류의 특소세를 인상함으로써 자동차세금구조를 주행세 개념으로 전환하여 자동차의 통행을 줄이고, 그 세수로 고속전철과 신공항 등 사회간접자본을 건설하겠다는 것이다. 그러나 현재 내무부가 관장하는 지방세인 자동차세는 전혀 조정하겠다는 움직임이 없다. 보유세 개념인 자동차세를 그대로 남겨 둔 채 주행세 개념을 도입한다는 명목으로 유류세만을 인상시킴으로써 국민들의 부담만을 가중시키는 것이다. 여전히 보유세는 무겁게 매겨지고 있기 때문에 자동차를 소유한 사람들은 자동차를 생각할 때마다 본전 생각을 갖게 된다. 따라서 주행세 개념이 도입되었다 하더라도 자동차의 통행거리는 줄어들지 않는 것이다.

우리의 세금구조는 절름발이식 주행세 개념이다. 지구상에서 그 유례를 찾아 볼 수도 없다. 시민들이 10부제나 승용차 함께 타기에 참여하려면 적어도 자동차를 세워 두는데 따른 손해는 없어야 한다. 그러나 지금과 같은 세금구조로는 정부의 시책을 따르는 사람이 손해를 볼 수밖에 없다. 당연히 실적이 저조한 상태를 면할 길이 없는 것이다.

잘못된 세금구조 때문에 자동차의 이용이 줄어 들지 않는다면, 이것은 반드시 에너지 낭비나 환경오염을 더욱 부추기는 결과를 초래한다. 그래서 현행 자동차세제는 반 경제적이고 반 환경적인 세금이 된다.

지구환경을 생각하는 자동차 운전자라면 이러한 모순에 대해 정부에 항의할 필요가 있다. 전화를 걸고 편지를 쓰고, 해당지역 국회의원을 찾아서 자동차세의 모순을 알리고 항의할 필요가 있는 것이다. 그리하여 주행세를 늘리고 보유세를 줄여서 실질적인 주행세제가 되도록 해야만 한다.

잘못된 세금구조에 대해서 항의하는 일도 우리의 환경을, 더 나아가 지구를 살리는 일 중의 하나라는 점을 운전자들은 명심할 필요가 있다.

녹색 강령

1. 자동차세제의 불합리성에 대해 시정을 촉구한다.

2. 주행세제가 친환경적인 세제임을 홍보하고 건의한다.

정책 제안

1. 보유세 중심의 자동차세를 주행세 개념으로 전환한다.

2. 교통 관련 세금은 반드시 교통부분에 투자되도록 관련 근거를 만든다.

3. 가구별로 배기량 상한제(예, 가구당 3,000cc)를 시행하는 등 1가구 2차 중과세 제도를 개선한다.

4. 자동차 교체시 신규 등록차가 기존에 사용하던 차보다 배기량이 작을 경우 취득세나 등록세를 감면하는 방안을 도입한다.

19. 자동차 과소비를 막아야 한다

자동차의 외양으로 사람의 품위를 판단하던 시대는 지났다.

요즘 신문을 보면 우리 사회의 소비구조가 왜곡되고 있다는 내용이 자주 눈에 띈다. 이른바 이상 과소비현상이 이러한 왜곡된 소비구조를 선도하고 있다는 것이다. 시중에서 과소비를 선도하고 있는 상품은 대개 고급의류, 악세사리, 그리고 자동차 등인데 이 중에서도 자동차는 그 액수나 규모면에서 가장 심각한 상태로 꼽히고 있다.

자동차 대중화가 시작된 이후로 우리 사회에서는 큰 차를 타야 대접 받는다는 인식이 팽배해 왔다. 호텔이나 음식점에 가도 큰 차를 타고 가야 대접을 받고, 행사장이나 관공서엘 가도 그러했다. 작은 차를 타고 가면 인사도 제대로 못받고 대리주차 서비스에서도 제외되었던 것이다. 이런 관행은 아직도 시정되지 않은 채 상당부문 남아있다. 그래서 차를 구입하는 사람 입장에서는 차의 크기가 곧 인격과 신분의 크기라는 생각을 하게 되고, 게다가 실명제 때문에 돈을 갖고 있다는 것이 불안하니까 가급적 크고 비싼 차를 사게 되는 것 같다.

“내 돈 주고 내가 큰 차를 탄다는데 무슨 말들이 그렇게 많은 가?” 자본주의 사회에서 한 번쯤 내뱉을 수 있는 말인 것 같다. 그러나 우리는 자동차가 다니는 주변을 한번 둘러 볼 필요가 있다. 어느 곳 하나 중대형 승용차들이 다닐 만한 충분한 도로나 그 차를 세워 둘 공간이 넉넉하다는 생각을 할 수 없을 정도로 교통여건이 열악하다. 그리고 그렇게 큰 차들이 소모하는 휘발유가 우리 땅에서 생산되는 것도 아니고, 또 그 차들이 내뿜는 배기가스를 모두 수용할 수 있을 정도로 환경여건이 좋지도 못하다.

그렇다면 이제 우리는 자동차를 고를 때, 자기 자신에게 한 번쯤은 이런 질문을 던져 보아야 할 것 같다. 나는 이렇게 큰 차가 꼭 필요한 것인가? 내가 큰 차를 고르는 것은 사람이나 짐을 많이 싣기 위한 것인가 아니면 나를 드러내기 위한 것인가? 내가 큰 차를 타지 않으면 나의 인격과 지위가 그대로 묵살될 만큼 나는 빈약한 사람인가? 등과 같은 질문을 던져 보고 그래도 인격에 자신이 없으면 할 수 없는 노릇이다.

그러나 이제부터 이것 한 가지는 기억하자.

많은 사람들이 큰 차를 타는 당신을 인격이나 지위가 높은 사람으로 보아주지 않으리라는 것이다. 그저 좋게 봐 준다면 당신은 사람이나 짐을 많이 싣고 다닐 필요가 있는 사람이고, 제대로 봐 준다면 당신은 외모나 외양 외에는 자신을 내세울 만한 그 어떤 것도 없는 사람으로 분류되고 말테니까.

뉴욕이나 파리, 런던에서도 이제 중대형 승용차는 의전용이나 접대용 외에는 인기를 끌지 못하고 있다. 그들을 좇아 가자는 얘기로 오해않기를 바란다. 우리 경제의 거품이 꺼지듯이 자동차의 거품도 이제는 가라앉아야 하겠다.

녹색 강령

1. 자동차는 과시용이 아니라 생활필수품이라는 생각을 항상 잊지 않는다.

2. 차를 구입할 때는 과연 이 차가 내게 필요한 것인지, 그리고 내 수준에 맞는 것인지 생각해 본다.

3. 환경을 고려해서 작은차를 타는 것이 문화인의 도리임을 기억하자.

정책 제안

1. 호텔이나 백화점 등에서 중대형 승용차를 우대하는 관행을 없앤다. (옥외 주차 공간을 소형차 전용으로 전환)

2. 중대형차에 대한 세금과 이용료를 인상한다.

20. 버스전용차선을 살리자

대중교통의 소통을 위하여 전용차선을 설치하는 것은 결코 버스이 용자에 대한 특권이 아니다.

요즈음 버스전용차선의 운영을 놓고 불만을 터뜨리는 사람들이 종종 있다. 승용차로 출퇴근하는 사람들 중에는 가뜩이나 소통이 안되는데 왜 버스에게 차선을 주어서 더 막히게 하느냐, 또는 왜 버스는 맘대로 나왔다 들어갔다 하는데 승용차는 전용차선 안으로 못들어 가는가 하는 볼멘 소리를 하는 이가 적지 않다. 물론 택시기사들도 여기에 대한 불만이 적은 것이 아니다.

그런데 이 문제는 그렇게 복잡하게 따질 일이 아니다. 버스전용차선제를 운영 중인 모든 나라에서도 우리와 똑같은 불만이 일어나고 있다. 그러나 그 불만에 대한 시당국의 답변은 단지 참으라는 말 외에는 아무 것도 없었다. 그리고 그 답변과 함께 덧붙이는 말은 "버스전용차선은 한정된 도로시설을 보다 많은 사람들이 이용할 수 있게 하기 위해 선택한 최선의 방법이기 때문에 어쩔 수 없다"는 것이다.

그렇다고 지금 서울에서 실시되는 버스전용차선제가 완벽하다는 것은 아니다. 운영에 분명 문제가 있다. 원래 버스전용차선은 일방통행제와 같이 시행하는 것이 유리하고, 또 주거지와 도심지가 분리되어 있어서 전용차선과는 연결로가 적을수록 소통이 원활해진다. 그러나 서울의 상황은 이것들과는 좀 거리가 멀다. 또 택시의 분담률이 외국의 도시와는 비교가 안될 정도로 높은데 택시의 정차장소를 고려하지 않고 일방적으로 실시하는 데도 문제는 있다. 따라서 현재 실시되고 있는 버스전용차선제는 앞으로 좀더 보완되어야 할 것이다.

하지만 이런 불편이 있다하더라도 이 제도는 계속 확대될 수밖에 없다. 왜냐하면 버스전용차선제는 도로의 이용효율을 높이기 위해서는 불가피한 제도로서 버스에게만 통행의 우선권을 제공하는 것인데, 버스에 대해서 우월적인 권리를 부여하는 법과 상식에 전혀 어긋남이 없기 때문이다.

다시 말해 버스에 탑승할 권리나 기회는 누구에게나 공평하기 때문에 특정계층에 대한 특혜가 아니라는 것이다. 승용차를 이용하든 택시를 이용하든 간에 이 사람들은 모두 버스를 탈 수 있다. 기회가 공평한 것이다. 그러나 버스를 이용하는 사람 모두가 택시를 타거나 승용차를 탈 수 있는 것은 아니다. 경제적인 이유나 혹은 이용자의 선호에 의해서 현재 자동차를 소유하고 있지 않은 사람들은 승용차를 탈 수 없다. 그래서 버스전용차선은 다소 불편하고 문제가 있긴 해도 교통난을 해결하기 위한 차선책으로서 그 시행의 당위성을 갖고 있는 것이다.

따라서 출근길이나 퇴근길에 버스전용차선 때문에 막힌다는 생각이 들더라도 그것을 원망할 필요는 없다. 다른 차선이 막히더라도 버스만 원활히 소통되면 버스전용차선의 설치 목적은 일단 달성된 것이기 때문이다. 그리고 승용차 이용자들을 버스로 끌어 들이기 위한 목적을 갖고 있기 때문에 승용차 출근을 포기하는 사람이 늘어난다면 그것은 더욱 바람직한 일이다.

승용차를 이용하는 사람들은 버스전용차선을 원망하기에 앞서서 출근방법을 바꾸어 보려는 노력을 하는 것이 더 좋겠다.

녹색 강령

1. 가급적 자가용보다는 버스를 이용하여 출퇴근 하자.
2. 승용차가 버스전용차선을 침범해도 된다는 생각을 버리자.

정책 제안

1. 버스전용차선제와 일방통행제의 병행을 검토, 시행한다.
2. 출퇴근시 전용차선제에 대한 다른 교통 수단의 침범을 더욱 엄격히 단속한다.
3. 버스전용차선의 효율을 높이기 위해 이면도로 정비를 병행한다.

21. 전기차를 탑시다

전기자동차는 배기가스 없어서 환경오염이 적은 저공해 교통수단이다.

우리가 완벽한 무공해 자동차를 타려면 아직도 많은 시간을 기다려야 할 것이다. 그러나 공해를 현저히 줄인 저공해 자동차를 타기까지는 그렇게 많은 시간을 기다릴 필요가 없다. 이미 지구촌 곳곳에서 저공해 자동차가 굴러 다니고 있기 때문이다. 특히 전기자동차는 보급에 있어서 단연 선두를 달리고 있다. 그러나 전기자동차를 탄다는 일이 그렇게 간단하지만은 않다. 현재 지구촌에서 전기자동차가 가장 많이 보급되어 있는 미국의 사례를 보자.

미국에서는 전기자동차의 보급이 점차 늘어나면서 전기를 충전하는 충전소의 설치문제가 현안으로 떠오르고 있다. 그래서 캘리포니아주에서는 전기자동차를 이용하는 시민들이 충전시설을 무료로 이용할 수 있는 전기충전소를 설치해서 운영하는 프로그램을 만들어 놓고 실행 중이다.

로스앤젤레스시는 1992년 9월 수도전력국이 주관해서 최초로 전기차 충전소를 개소한 적이 있는데, 올해 안으로 모두 60개소의 전기충전소를 설치할 예정이다. 이처럼 주당국과 시당국이 전기충전소를 서둘러 보급하고 있는 것은 오는 94년까지 캘리포니아 전역에서 전기자동차가 운행될 수 있도록 하기 위한 조치라고 밝히고 있다.

현재 설치 중인 전기충전소는 16대의 전기자동차를 동시에 충전시킬 수 있는데 당국과 이용자들의 고민은 전기자동차를 충전하는데 소요되는 시간이 무려 8시간이나 걸린다는데 있다. 이런 불편에도 불구하고 시민들이 전기자동차를 타려고 하는 것은 무엇보다도 이 자동차가 배기가스를 내뿜지 않는다는 사실 때문이다.

전기자동차를 이용하고 있는 시민들은 이구동성으로 이렇게 말하고 있다. "전기자동차는 동급의 일반 승용차에 비해 값이 비싸고 이용하는데도 불편하다. 그러나 우리는 지구를 위해서 그리고 나의 후손을 위해서 이 차를 타고 싶다."라고……

지금 서울의 하늘은 지구촌의 어느 도시보다도 맑은 편이 못된다. 그래서 전기자동차를 보급하는데 우선 순위를 따진다면 그 어느 도시보다도 앞서야 할 곳이다. 그러나 아직 서울에서는 전기자동차가 보급될 기미를 찾기 힘든 상황이다.

현재 국내의 한 자동차 회사가 93년 11월부터 전기자동차를 시판하고 있기는 하지만 아직까지 넘어야 할 벽이 너무 많다. 전기차의 생산대수도 빈약하고, 전기차가 다닐 수 있는 교통여건도 준비되지 않았으며, 어려움을 감수하면서 전기차를 사 줄 시민들도 적은 상태인 것이다.

전기자동차는 공장에서 만든다고 도로를 달릴 수 있는 것이 아니다. 보급될 수 있는 환경과 이것을 기꺼이 타주는 시민이 있어야 가능한 것이다. 물론 전기차를 타도록 유도하는 제도나 법을 만드는 것도 한 방법이 될 수 있지만, 이것보다는 시민들의 높은 환경의식이 더 선행되어야 한다.

지금 스위스에서는 상대적으로 나쁜 조건의 자동차를 구입하는 사람들이 있다. 일반 승용차보다 한 배 반이 비싸고, 연료를 넣는 것도 쉽지 않은 그런 자동차를 말이다. 그러나 스위스의 뜻있는 시민들은 그 차가 전기자동차이고, 그래서 공해를 줄일 수 있는 차라는 점에서 기꺼이 조건이 좋지 않은 차를 구입하는 것이다.

우리가 지금 왜 전기차를 타야 하는가에 대한 해답은 바로 여기에 있다. 앞으로도 계속해서 자동차라는 형식의 교통수단을 우리 후손들이 이용 할 수 있게 하려면 우리는 좀 불편하긴 하지만 휘발유자동차를 전기자동차로 바꾸는 노력을 해야 한다. 전기자동차가 본격적으로 시판된다면 말이다.

녹색 강령

   1. 환경적인 측면에서 일반 자동차와 전기 자동차의 이용 효율을 비교, 검토해 보자.

   2. 환경을 생각해서 가격이 좀 비싸더라도 전기차를 타는 문화인이 되도록 노력하자.

정책 제안

   1. 전기자동차 생산업체에 대한 정책적 지원을 확대하고 전기차 구매자에 대해서 세제혜택을 준다.

   2. 전기자동차가 운행될 수 있는 교통환경을 조성한다.

   3. 전기차 보급과 관련된 장ㆍ단기 계획을 수립하고, 범정부적인 대책을 강구한다.

   4. 시가지 전용차로 전기차를 선정하고 도심 일부지역에서 시험운행한다.

22. 재택근무를 확대하자

집에서 회사업무를 처리한다면 교통체증이나 환경오염을 줄일 수 있고 효율적인 시간활용이 가능하다.

지구촌 곳곳에서는 교통난으로 골머리를 앓고 있다. 출퇴근, 쇼핑, 통학, 여가 등 일상의 모든 활동을 하는 데 있어서 이제 교통과의 전쟁을 치루지 않으면 안되게 되었다. 이렇게 교통체증에 시달리는 것이 단지 시민들의 시간을 빼앗는 데 그치는 것이 아니라 통행 후의 활동에도 나쁜 영향을 준다면 그것은 더욱 심각한 일이다.

따라서 지금 지구촌의 많은 기업에서는 고통스런 출퇴근을 생략하려는 노력을 하고 있다. 직원들이 직접 출근하지 않고 집에서 회사의 업무를 볼 수 있다면 시간도 절약하고 무엇보다도 출퇴근의 고통으로부터 해방될 수 있기 때문에 업무의 효율성이 증가된다는 계산에서다.

지금 지구촌에서 재택근무제도가 가장 활성화되어 있는 나라는 미국이다. 일찍부터 교통체증을 경험했고, 또 정보화 사회로의 접근이 빨랐기 때문이다. 최근의 조사결과에 의하면 93년 2/4분기 현재 미국 내에는 760만 명의 재택근무자가 있는 것으로 밝혀졌다. 그러니까 전체 인구의 3%, 성인 노동자의 6%가 직접 출퇴근하지 않고 집에서 근무를 하고 있는 것이다. 이러한 재택근무 규모는 일년 전에 비해서 15%나 증가한 것인데, 재택근무가 늘어난 이유는 최근 들어 교통체증이 더욱 심해졌다는 점과 환경문제가 크게 대두되고 있다는 데 있다.

760만 명의 재택근무자 중 75%는 정보산업에 종사하는 사람들로 나타났고, 이 중 남성은 410만 명 여성은 350만 명으로 밝혀져서 여성들의 구성비율이 일반 산업 구성비보다 높게 나타났다. 재택근무에 종사하는 사람들은 대개 경영자, 판매업자, 그리고 전문직 종사자들이 주류를 이루고 있으며 지난 일년 동안 현저하게 증가한 직종은 엔지니어, 과학자, 컴퓨터 프로그래머, 교사 등이 있다. 교통당국에서는 아직까지 재택근무자에 대한 지원이 미비하고 재택근무에 대한 사회적인 여건이 성숙되지 못해서 전체 통행량에는 큰 영향을 주지는 못하지만 앞으로 재택근무가 늘어나면 교통난 해소에 큰 도움이 될 것으로 기대하고 있다.

재택근무는 어느 교통수단보다도 빠르게 일을 처리할 수 있을 뿐 아니라 다른 사람에게 교통체증을 유발시키지도 않고 사고의 위험도 없다는 점에서 크게 각광받을 것으로 보이며, 특히 환경측면에서 자동차의 배기가스 배출과 전혀 무관하다는 점이 강점으로 평가된다.

그런데 재택근무제도에 참여하기 위해서는 근무자가 정보통신에 대한 기본적인 운영방법을 숙지하고 있어야 하며, 개인용 컴퓨터 등과 같은 정보기기를 구비해야 한다. 아직까지 재택근무가 일부 직종에 국한되고 있는 것은 정보기기의 활용이 보편화되지 않았고 시민들의 정보 수용력이 미흡한 데서 원인을 찾을 수 있다.

　최근 우리나라에서도 정보관련회사와 금융회사에서 부분적으로나마 재택근무를 실시하고 있다. 이 회사에서는 주 단위로 업무를 재택근무자에게 할당하고 각 근무자들은 집에서 그 업무를 수행한다. 재택근무에 참여하는 직원들은 일주일에 한두 번만 출근하면 되는데 이로 인한 혜택이 적지 않다고 주장한다.

　재택근무! 이것은 분명히 교통전쟁시대를 슬기롭게 극복하는 방법이 될 수 있다. 교통난을 덜고 무공해 교통을 지향하는 재택근무제도를 확대하기 위해 정부에서는 이들에 대한 세제혜택을 늘리고 기업에서는 교통문제를 해결한다는 차원에서 이 제도의 수용을 깊이 검토해야 할 것이다.

녹색 강령

1. 재택근무에 참여할 수 있는 정보지식과 기술을 익힌다.

2. 개인적으로 정보통신 장비를 준비하고 재택근무를 지원한다.

정책 제안

1. 대기업을 중심으로 일정비율 이상의 직원을 재택근무자로 운용할 것을 권장한다.

2. 재택근무제를 실시하는 회사에 대하여 세제감면 등의 인센티브를 제공한다.

3. 재택근무 프로그램을 개발하여 주요기업에 보급한다.

4. 재택근무가 뿌리내릴 수 있도록 사회적 여건을 조성한다. (정보통신 시설 보급확대, 정보통신 이용료 감면 등)

23. 우리 모두 환경파수꾼이 되자

매연차량을 철저히 신고한다면 우리는 맑은 공기를 마실 수 있다!

우리는 차를 운전하거나 길을 걷다가 시커먼 매연을 내뿜는 차들을 종종 보게 된다. 이런 차들을 볼 때마다 대부분의 사람들은 과연 얼마만큼 배기가스를 내뿜어야 단속이 되는 것인지 궁금해 한다. 앞이 안 보일 정도로 시커먼 연기를 내뿜으면서도 어떻게 버젓이 운행되고 있는지 의아해하고, 매연 단속기준에 대한 회의도 느끼게 된다.

그러나 이제부터 그렇게 고민할 필요는 없다. 매연차량을 골라내는 것은 꼭 검사장비가 필요한 것은 아니며 육안으로도 식별이 가능하기 때문이다. 육안으로 식별하는 방법을 우선 그 자동차가 10초 이상 계속해서 시커먼 매연을 내뿜는지 확인하는 것인데, 만일 관찰대상 차량이 10초 이상 배기가스를 내뿜는다면 그 차량은 환경을 오염시키는 매연차량으로 추정할 수 있다.

그동안 우리 국민들은 인정이 많아서인지 이런 광경을 보고 잘도 참아왔다. 그러나 수준 높은 교통문화를 정착시키고 환경을 지키기 위해서는 지금처럼 피동적이어서는 곤란하다. 나만 잘 지키면 된다는 자세나 또는 얼굴을 찌푸리고 중얼거리며 그냥 참아넘기는 자세는 모두 바람직한 자세가 아니다. 이제 내 차만 깨끗하면 된다거나, 다른 차가 내뿜는 매연이 곧 없어지고 말 것이라는 막연한 자세를 취해서는 안된다. 왜냐하면 이러한 소극적인 생각을 갖기에는 지구촌의 오염이, 특히 서울의 대기오염이 너무나 심각한 상태이기 때문이다.

미국이나 유럽에서 자동차의 대기오염을 줄일 수 있었던 것은 기술개발이나 환경당국의 노력도 컸지만 시민들의 신고정신도 큰 몫을 해냈다. 일례로 미국의 캘리포니아에서는 10초 이상 눈에 띄는 매연배출 차량은 즉시 신고된다. 시민들의 신고정신이 확고하기 때문이다. 이렇게 신고되는 차량이 캘리포니아주만 하더라도 한 달에 8,000대가 넘는다.

아직 우리의 신고체계는 제대로 정비되지 않았다. 그렇다고 전혀 방법이 없는 것은 아니다. 아쉬운 대로 신고는 가능하다. 이제부터 매연차량을 발견하면 이렇게 신고하면 된다. 우선 10초 이상 매연을 내뿜는 차량을 발견하면 차종과 번호를 기록하고, 그 다음엔 장소와 시간을 적으면 된다. 그리고 회사나 집에 도착한 후에 전화로 신고하면 모든 게 끝난다.

신고기관은 각 지방환경청 민원실이나 시·군 환경지도과인데, 서울을 비롯한 수도권 지역에서는 환경처 민원실에 직접하는 것이 좋다. 환경처 민원실의 전화번호는 전화번호부나 114 안내를 통하여 쉽게 알 수 있다. 〈환경처 민원실 : 421—2121〉 매연차량을 신

고하면서 연락처를 알려주면 담당자가 추후에 처리결과를 통보해
주기도 한다.

외국에는 대개 매연차량 신고전화가 수신자 부담으로 무료전
화가 가능하다. 그러나 우리나라는 아직 무료 신고전화가 준비되어
있지 않다. 귀찮고 부담이 되겠지만 꾸준히 신고를 하고 관심을 갖
는 자세가 우선 요청된다. 다소 답답하긴 하지만 그러다 보면 환경
당국도 신고체계를 개선할 것으로 보인다.

환경보호의 문제에 있어서는 정부의 정책도 중요하지만 시민
참여가 보다 더 중요하다는 사실을 명심하고, 우리 모두 움직이는
환경파수꾼으로서 매연차량의 신고를 생활화해야겠다.

녹색 강령

1. 10초 이상 육안으로 식별할 수 있는 배기가스를 내뿜는 차량은 매연차량이다.

2. 매연차량이 발견되면 장소와 차적을 적어서 환경처 민원실이나 시·군 환경지도과에 신고하자.

정책 제안

1. 매연차량 색출요령과 신고방법을 홍보해야 한다.

2. 알기 쉬운 매연 신고전화를 설치한다. (예 : 미국 캘리포니아 1—800—cut—smog)

3. 수신자부담 전화서비스를 실시하고 신고자의 불편을 줄일 수 있는 방법을 강구한다.

3. 피신고 차량에 대한 처리 방법을 개선하고, 신고자에게 처리 결과를 반드시 통보한다.

5. 톨게이트 등 주요지점에서 배기가스를 자동으로 점검하는 시스템을 개발한다.

24. 자연은 지프차를 겁낸다

지프차는 동식물에게 위협적인 존재이며 생태계를 쉽게 파괴시킨다.

'길이라도 좋다. 길이 아니라도 좋다'

이 말을 듣고 무엇이 연상되는가? 광고이다. 바로 이 말은 영어로 'Off the Road', 그러니까 도로가 아닌 곳, 바로 험로를 주행하는 자동차의 광고문구이다.

요즘 레저인구가 늘어나면서 이른바 'Off Road Vehicles'로 분류되는 레저용 자동차를 타고 다니는 사람들이 많아졌다. 다시 말하면 길이 아닌 들이나 비포장도로를 달리는 지프형 자동차가 많이 늘어난 것이다.

그런데 우리는 아직 지프형 차들이 갖고 있는 특성을 많이 알고 있지 못한 것 같다. 특히 이 차들이 생태계에 어떤 영향을 주고 있는지에 대해서는 거의 모르고 있는 실정이다.

간혹 영화나 TV의 광고를 보면 지프차를 타고 들판을 질주하거나, 갈대밭을 뚫고 지나가거나, 또는 바닷가의 모래사장을 가르며

달려가는 장면이 자주 나온다. 이것을 모방해서인지는 모르겠으나 다만 요즈음 지프차를 소유한 일부 운전자들이 지프차를 타고 자연을 마구 훼손하는 사례가 많다고 한다.

돌을 줍기 위해, 물고기를 잡기 위해, 약초를 캐기 위해, 그리고 별미를 찾아서 산과 들을 지나기 위해서는 지프형 자동차가 필수적일 수도 있다. 그러나 차를 타고 토석을 채취하고 야생 동식물을 잡으러 간다는 것 자체도 잘못된 일이지만, 그 이전에 자동차를 타고 자연을 휘저으며 질주하는 것도 생태계를 파괴한다는 사실을 명심해야 한다.

흔히 '돌을 던지는 사람은 재미로 던지지만 그 돌을 맞은 개구리는 목숨을 잃는다'는 얘기들을 한다. 마찬가지로 지프차의 바퀴는 자연 속에서 서식하는 양서류나 파충류에게는 치명적인 위협이 되고, 지프차의 바퀴 자국은 개미 같은 곤충에게는 태산 같은 장애물이 될 수 있으며, 짓눌린 풀들은 더이상 생장하지 못할 수도 있다. 뿐만 아니라 주변의 야생동물들도 불안해 할 것이다. 따라서 지프차와 같은 오프 로드비클을 소유한 사람들은 자연에 나갈 때 각별한 주의를 기울여야 한다. 우선 가고자 하는 장소가 생태적으로 보호되어야 할 곳인지 판단을 하고, 만약 보호의 이유가 있다고 판단되면 행선지를 바꾸거나 다른 교통편을 이용해야 한다.

만일 부득이하게 차를 몰고 가야 한다면 동식물의 보호가 필요한 곳에서는 아주 천천히 차를 몰아야 하고, 될 수 있는 대로 풀을 밟거나 물을 튀기며 다니지 않도록 해야 한다. 지프차가 없는 사람들은 승용차로 무리하게 주행하는 경우가 있는데 이 때도 요령은 마찬가지이다.

　대개 지프차는 젊은 사람들이 많이 탄다. 만일 자신이 지프차를 갖고 있지 않다면 자녀나 후배 혹은 직장 동료에게 각별한 주의를 하도록 당부하자.

　자동차와 함께 자연을 보호하는 노력, 우리의 이 작은 노력이 지구를 살린다.

녹색 강령

　1. 도로가 아닌 곳은 가지 않는다. 부득이하게 통과하는 경우는 자연을 훼손하지 않도록 주의한다.

　2. 지프차를 소유한 주위 사람들에게 자연파괴의 심각성을 일깨워준다.

정책 제안

　1. 자연환경이 양호한 지역이나 동식물의 보호가 필요한 지역에서는 자동차의 통행을 금지시킨다.

　2. 지프차 이용자에 대한 환경교육을 강화한다.

25. 출근시차제를 확대하자

출근시차제는 교통난 해소, 자기개발, 그리고 글로벌경영에 도움이 된다.

우리가 매일 아침 출근길에 겪게 되는 고생에 관하여는 더이상 언급할 필요가 없을 것이다. 하지만 대견스럽게도 많은 사람들이 출근길에 잘 적응하고 있는 것 같다. 그런데 우리 주위에는 출근시간이 무려 두 시간 이상씩 걸리는 사람들이 있다. 사정이야 있겠지만 이것은 개인적으로나 사회적으로 바람직한 일이 못된다. 즉 그것은 개인적으로는 시간낭비이며, 건강에도 좋지 않을 뿐 아니라 사회적으로도 혼잡비용을 증가시키게 된다.

만일 주위에 자동차를 두 시간 이상 직접 운전하면서 출근하는 사람이 있다면 우리는 그 사람을 경계할 필요가 있다. 왜냐하면 그 사람은 언제 어디서 과로나 스트레스로 쓰러질지 모르기 때문이다. 돈을 꾸어 주지도 말고, 거래도 자제하자. 더군다나 혼전의 신분이라면 그 사람과는 데이트도 하지 말자.

이런 사람은 건강에만 문제가 있는 것이 아니다. 이 사람은 출근하는데 자동차를 과도하게 사용함으로써 지구의 에너지를 비효율적으로 사용하는 사람이며, 출근할 때 개인적으로 방출할 수 있는 배기가스 기준량을 몇 배나 초과한 사람이다. 그래서 우리는 이런 사람을 경계해야 한다.

이 글을 읽는 사람 중 자신이 여기에 해당된다고 생각되면 가까운 시일 내로 중대한 결정을 내리는 게 좋다. 이 결정에는 직장을 포기하거나 집을 옮기는 방법이 포함되어 있다. 그러나 이것은 쉬운 일이 아니다. 만일 집을 옮기거나 직장을 포기할 수 없다면 그 다음엔 출근시간을 줄이는 방법을 찾을 수밖에 없다. 집과 직장을 옮기지 않고 출근시간을 줄이는 방법으로는 교통수단을 바꿔 보거나 새로운 통행경로를 찾는 것이 있다. 그러나 대개 이런 방법은 한두 번 경험을 해보았을 것이다.

그렇다면 이제 남은 방법은 출근시간을 조정하는 것밖에는 없다. 다시 말하면 시차제 출근을 하라는 것이다. 회사가 시차제 출근을 인정하든 안하든 개인적으로 시차제로 출근하는 것이다. 그렇다면 몇 시에 출근할 것인가? 이 질문의 대답은 두말할 것 없이 평소보다 서너 시간 앞당겨서 하라는 것이다. 회사가 다행히 조기출근을 인정해 준다면 업무를 일찍 끝내고 오후 두세 시경에 퇴근하면 될 것이고, 만일 회사가 이 제도를 채택하지 않는다면 업무가 시작할 때까지 자기개발을 위해 투자할 수 있게 말이다.

얼마전 한 여론조사기관에서 출근시차제에 대한 설문조사 결과를 발표했는데, 이 자료에 따르면 응답자의 64%가 정상 출근시간보다 늦게 나오는 것을 희망했다고 한다. 그러나 서울의 겨우 10시나 11시에 출근한다고 해서 교통체증을 피할 수도 없고, 오염을 줄일 수도 없다.

뉴욕의 맨하탄에서는 새벽 4시에 출근하는 직장도 적지 않다. 철저하게 시차제 출근을 하는 것이다. 새벽에 출근한 사람들이 점심을 먹으면서 퇴근하는 모습을 볼 수 있다. 이러한 출근 형태는 런던에서, 파리에서, 그리고 이웃 일본의 동경에서도 찾아볼 수 있다. 우리가 앞으로 지구촌 경영에 참여하려면 세계 주요 도시의 생활시간대에 업무시간을 맞출 필요가 있다. 그러려면 6시 이전에 출근해야 미국 동부지역과 교류하며 일할 수 있고, 저녁 7시까지는 있어야 런던이나 파리의 출근시간과 맞출 수 있다.

조기출근! 이것은 자기개발에도 좋고, 교통난을 피해서 좋고, 환경오염을 줄일 수 있어서 좋고, 지구촌 경영에 참여할 수 있어서 좋다.

이제부터는 출근시간을 앞당기는 전략을 세워야 하겠다. 회사는 회사대로 사원은 사원대로 시차제 출근을 준비해야 하겠다.

1. 회사가 출근시차제를 실시하도록 건의하자.

2. 회사가 못한다면 개인별로 시차제출근을 실천한다.

1. 출근시차제에 참여하는 기업에게 세금을 감면해주거나 교통유발부담금을 할인해 주는 등의 인센티브를·제공한다.

2. 출근시차제로 인한 효과를 측정하여 홍보하고 정부부처가 앞장서서 실천할 수 있도록 정부의 방침을 정한다.

3. 출근시차제 실시 여부를 교통유발부담금 부과기준에 반영한다.

4. 대기업별, 혹은 도시의 지역별로 출근시간을 적절히 분산시킨다.

5. 출근시차제가 확대될 수 있도록 사회적 여건을 조성한다. (관공서, 은행 등에서 대민 서비스 시간 조정 등)

26. 승용차를 함께 타자

카풀을 생활화하면 교통난 해소에 도움이 될 뿐 아니라 경제에 도움이 되고, 건강에도 좋으며, 사회적으로도 유익하다.

최근 도로의 정체가 심해지고 주차난이 가중되면서 카풀제에 대한 관심이 높아지고 있다. 카풀제도는 승용차 운전자들이 서로 번갈아 자신의 차를 운행하면서 동승자를 목적지까지 태워다 주는 제도이다. 사실 이 제도가 제대로 시행된다면 그 효과는 매우 크다.

예를 들어 왕복 통근거리가 50km인 사람이, 일주일에 세 번은 동료의 차를 타고, 세 번은 자신의 차로 동료를 태우고 다닌다면, 이 두 사람은 일년에 유류비만 각각 60만원씩 절약할 수 있다. 그리고 이 사람들은 휘발유 1,000리터가 연소될 때 발생되는 배기가스를 내뿜지 않게 된다. 또한 엔진오일을 두 번 정도는 더 교환해야 되는 부담을 덜고, 잔 고장을 줄임으로써 유지비도 덜 든다. 물론 운전하는 데 따르는 스트레스와 피로도 반으로 줄어든다.

어느 모로 보나 좋은 제도임에 틀림없다. 그렇다면 이렇게 유익한 카풀제도를 왜 많은 사람들이 기피하고 있는 것일까? 우리는 이 점을 알 필요가 있다. 그 이유는 간단하다. 제도적인 측면에서 보험이나 세금혜택이 없고 중계시스템이 구축되지 못한 것이 그 이유이고, 문화적인 측면에서 사교적이지 못하거나 대화가 부족한 우리의 관습이 그 이유이다.

현재, 제도적인 문제는 관계당국에서 검토 중에 있다. 언제일지 모르나 점차 개선될 것으로 보인다. 그렇다고 그 때까지 기다릴 수는 없다. 한 동네사람 또는 직장 동료끼리 교류가 부족해서 카풀이 성사되지 못하는 것은 우리가 당장 풀 수 있는 문제라고 본다.

사실 이러한 고민은 비단 우리만의 문제는 아니다. 카풀의 기원국이라 할 수 있는 미국에서는 시민들과의 교류가 쉽지만 보수성이 강한 유럽에서는 우리와 마찬가지로 이것이 쉽지 않다.

미국 사람들은 수영장에 가면 앞뒤 안가리고 물 속으로 뛰어들지만 유럽인들은 발가락을 담가 보고 물이 차가운지를 먼저 알아본다. 그러다 보니 미국인들은 기회가 생기면 쉽게 다른 사람이 운전하는 차를 탈 수 있지만 유럽 사람들은 다른 사람들의 차를 잘 타지 않는다. 더군다나 유럽은 집과 직장 사이의 거리가 가깝고, 대중교통 수단의 이용이 아주 편리하기 때문에 카풀의 필요성이 적다.

그런데 우리의 여건은 좀 다르다. 집과 직장의 거리가 멀고 대중교통 서비스가 낮아서 카풀의 필요성이 큰 반면, 사회문화적인 면에서는 사교성이 좋지 못하다. 그래서 어렵긴 하지만 일단 카풀이 활성화되면 그 효과는 매우 크다.

전혀 관계가 없는 사람끼리 자동차를 번갈아 타고 다닌다는 것이 쉬운 일은 아닐 것이다. 그러나 한꺼번에 하려 하지 말고 쉬운 것부터 해나가면 못할 것도 없다. 쉬운 것부터 해본다! 이것이 중요하다.

　요즈음 직장주택조합이 많이 건설돼서 회사별로 한 동네 사는 사람들이 많다. 사교성이 적다고 하지만 같은 회사, 같은 동네 사람끼리 자동차를 같이 타고 다니지 못할 이유는 없다. 통행비용을 줄이는 것도 도움이 되지만 함께하는 이웃, 가까운 직장 동료를 만들기 위해서, 그리고 나아가서 자동차의 오염을 줄여서 지구를 살린다는 생각에서 적극적으로 참여해야겠다.

1. 이웃에 사는 직장 동료끼리 순번을 정해서 승용차 교대타기를 실천한다.
2. 승용차 앞유리창에 행선지를 써붙이고 하루에 한 사람 이상 태워주기 운동을 전개한다.

정책 제안

1. 카풀 중계 프로그램을 만들어서 민간업자와 기업에 공급한다.
2. 카풀 참여자에 대한 세제감면과 보험혜택을 강화한다.
3. 다인승 전용차선을 설치하여 카풀차량에게 우선 통행권을 제공한다.
4. 카풀 정류장을 설치하여 이용자에게 편의를 제공한다.
5. 카풀에 적극 참여하는 기업에 대해서 인센티브를 제공한다.
6. 카풀이 활성화될 수 있는 사회적 여건을 조성한다.

27. 자동차 산행을 막아야 한다

자동차로 산행을 하면 산을 찾는 의미가 없을 뿐 아니라 앞으로 우리가 찾아야 할 산들이 병들게 된다.

오랫동안 산을 찾고 있는 사람들은 요즘의 등산행태를 두고, 사람이 산에 오르는 것인지 자동차가 등산을 하는 것인지 구분이 안될 정도로 자동차를 타고 산행을 하는 사람들이 많음을 지적하고 있다. 바로 산중턱까지 자동차를 타고 가서는 그 곳에서부터 등산을 시작하는 사람들을 꼬집어 말하는 것이다. 설악산은 한계령이나 미시령까지 차로 올라가고, 지리산은 천운사까지 올라가고, 북한산은 도선사까지 차를 타고 간다. 어떻게 보면 세상 살기 편해진 걸 실감할 수 있는 모습인 것 같기도 하다.

하지만 10년 전만 해도 이렇지는 않았다. 산을 찾기 위해서는 대부분의 사람들이 버스나 기차를 이용했고 산 밑자락부터 걸어서 올라가는 것을 당연스럽게 생각했다. 극히 일부의 사람들만이 자동차를 이용해서 목적지까지 가곤 했었다. 간혹 자동차를 타고 오르는 사람이 있긴 했지만 그것은 큰 문제가 되지 않았다. 그런 사람의 수도 많지 않았거니와 자동차로는 등산로의 초입까지밖에 갈 수 없었기 때문이다.

그러나 이제는 상황이 달라졌다. 산은 산대로 절은 절대로 모두 도로가 뚫려 있고, 자동차는 한 집 건너서 한 대씩 보유할 정도로 늘어났다. 특히 레저에 적극적으로 참여하는 계층은 이제 모두 자동차를 소유하고 있다. 자동차도 있고 도로도 뚫려 있으니 마음만 먹으면 하루에도 산을 두 번씩이나 오르내릴 수 있게 된 것이다.

이처럼 자동차를 타고 등산하는 사람이 늘어나면서 우리의 산은 중병을 앓고 있다. 주말에 맑은 공기와 수려한 경관을 맛보러 나온 사람들은 자신들이 바로 전날 시가지에서 겪었던 교통혼잡을 산에서 겪게 된다. 이런 경험을 한 사람은 그 다음엔 더 멀리 있는 산으로 그리고 더 높은 곳까지 차를 몰고 간다. 결국 모든 산이 자동차에게 정복당하고 있다.

자동차에 의한 산의 정복! 이것은 자동차의 '산 껴안기'로 판정이 난다. 사람들이 팔짱을 끼고 산을 껴안는 것이 아니라 산간도로에 정차한 채 서있는 차들과 도로변에 주차된 차들이 거대한 자동차 사슬을 만들면서 산을 완전히 압도하게 되는 것이다.

우리는 여기서 한가지 명심해 둘 게 있다. 자동차가 이렇게 산을 정복하게 되면 그 산은 오염이 될 것이고, 그 오염의 대가는 반드시 우리에게 되돌아 온다는 사실이다. 또 자동차가 산으로 들어갈 수 있게 하기 위해서는 적지 않은 자연의 희생이 필요하다는 사실이다. 그 희생은 자동차가 다닐 도로를 만들면서, 또는 차를 세우기 위한 주차장을 만들면서 발생된다.

희생은 여기에 그치지 않는다. 산허리를 자르고 만들어진 도로는 그 산의 환경을 변화시키고 상태계를 단절시킨다. 그리고 도로를 지나면 자동차가 내뿜는 배기가스는 주변 동식물에게 치명적인 영향을 주게 된다.

도로는 필요에 의해 생긴다. 산에 도로가 나는 것은 누가 요구한 것인가? 정책 담당자의 잘못도 있지만 산을 찾는 우리들 자신의 잘못이 가장 큰 원인이다. 앞으로 더이상 산허리를 자르는 일이 없도록 자동차 산행을 억제해야 한다. 그리고 산을 찾을 때는 이미 도로가 나있다 하더라도 가급적 자동차를 갖고 가지 말아야 한다.
만일 자동차를 타고 갈 경우는 산 밑 먼 발치에 차를 세워두고 걸어서 산행을 하자. 이것이 등산이다. 우리가 계속해서 산을 찾을 수 있으려면 그리고 후손들이 산을 찾을 수 있게 하려면 등산은 사람이 해야지 자동차로 해서는 안되겠다.

1. 가능하면 등산길에는 승용차를 이용하지 않는다.

2. 자연환경이 양호한 곳이나 출입이 제한되는 곳에는 자동차를 타고 진입하지 않는다.

1. 도로건설에 따른 환경파괴를 막기 위해서 자연환경이 양호한 곳에서는 도로계획에 대한 영향평가를 강화한다.

2. 도로가 개설되어 있다 하더라도 생태계의 상태를 고려하여 자동차의 통행을 제한하는 대책을 강구한다.

3. 통행이 불가피한 곳은 통행료를 징수하여 환경복구 비용으로 사용한다.

4. 자동차를 이용하지 않는 등산 프로그램을 개발해서 홍보한다.

5. 북한산 국립공원 「우이령 관통으로 포장 사업계획」 백지화 사례를 홍보한다.

28. 백화점 세일방식을 바꾸자

백화점 세일기간 중에 모든 사람들이 자동차를 이용한다면 전 시가지가 막히게 된다.

요즈음 백화점의 세일행사는 연중 항상 실시되다시피 한다. 세일기간 중에 백화점 주변은 물건을 싸게 사려고 몰려든 인파 때문에 심각한 교통체증이 빚어진다. 백화점이 개점하자마자 사람들이 몰려들고, 승용차를 타고 온 사람들은 백화점에 진입도 못한 채 30분 이상을 차 안에서 기다리기도 한다. 이 뿐 아니라 백화점 주변도로를 지나는 차량들도 꽉 막힌 도로 때문에 많은 시간을 허비해야 한다.

세일기간 중에 물건을 구입하면 얼마나 쌀까? 이것을 정확히 알기 위해서는 원가계산이 필요하겠지만, 일단 상품의 적정가격을 따지기 전에 우리는 교통비나 시간 비용 같은 상품외 비용이 얼마나 들었나 하는 점을 알 필요가 있다. 왜냐하면 버스나 지하철을 이용한 사람은 별 문제가 없겠지만 승용차를 타고 온 사람들은 집에서 차를 몰고 백화점까지 오는 동안 그리고 백화점 입구에서 30분을 대기하는 동안 이미 적지 않은 상품외 비용을 지출했기 때문이다. 이 비용은 차량 운행비와 시간 비용 중심이지만, 배기가스 방출에 따른 환경오염 비용과, 주변도로를 지나는 차량들에게 전가된 체증유발 비용을 포함하고 있다.

그래서 ‘세일 기간 중에 물건을 구매하는 행위’가 얼핏 보면 알뜰한 주부의 도리같기도 하지만 자동차를 가지고 가서 교통체증을 유발한다면 이것은 자신이나 사회를 위해서 도움이 되지 않는다. 더군다나 백화점 세일기간 중에 제일 붐비는 곳이 지하 식품매장인 것을 감안하면 세일 중에 많은 사람들이 자동차를 직접 몰고 간다는 것은 모양이 좋지 않다.

상황은 좀 다르지만 호주와 유럽의 일부 도시에서는 이른 아침이나 일요일에 상점 문을 열지 않는다. 그 이유는 점원들이 게을러서가 아니라 상점 주변 사람들에게 체증이나 자동차 소음으로 고통을 주지 않기 위해서이다. 쇼핑을 하는 데 있어서도 남에게 피해를 주지 않겠다는 깊은 뜻이 담겨 있는 것이다.

문제를 해결하기 위해서는 백화점의 세일제도에 대한 개선이 있어야 하겠지만, 우선 시민들의 입장에서 스스로 해결하려는 노력도 필요하다. 그 노력은 교통량을 줄이는 데서 시작된다. 우리가 세일기간 중에 사는 물건들은 대개 급하게 사용하는 물건이 아니다. 따라서 구매해서 반드시 당일로 집에 가져갈 필요는 없다. 그렇다면 세일기간 중에는 자동차를 가져가지 않고도 쇼핑이 가능하다. 지하철이나 버스를 이용해서 쇼핑해도 문제가 없다는 얘기다.

왜냐하면 소비자는 물건을 구매해서 백화점이 운영하는 택배

서비스를 통해서 전달 받을 수 있기 때문이다. 이 물건들은 늦어도 이틀내로 가정까지 배달된다. 백화점의 배달차량은 같은 방향의 물건들을 한꺼번에 묶어서 배달하기 때문에 전체 통행량을 줄일 수 있고 환경오염도 줄일 수 있다.

해결방안 중에는 좀더 근본적으로 아예 백화점에 오지 않고 물건을 사는 방법도 있다. 이것은 세일을 실시하기 전에 백화점측의 성의있는 준비가 필요한 방법인데, 세일대상 물건의 종류와 가격을 미리 공개하고 이 자료를 보고 소비자들이 가정에서 물건을 신청하도록 하는 방법이다. 현재 백화점측이 세일을 실시하기 전에 신문에 광고를 하거나 지역신문에 광고지를 돌리고 있는데, 이 정도 수준이면 별도의 광고 없이도 조치가 가능하다.

백화점의 세일, 이것은 잘 활용하면 이익이 될 수 있지만, 모든 소비자가 차를 갖고 오는 것과 같이 잘못 운영된다면 이것은 손해이다. 좀더 계획적이고 현명한 쇼핑전략이 필요한 때라 하겠다.

| 녹색 강령 |

　1. 쇼핑시에는 대중교통을 이용하고, 물건을 택배서비스를 통해 전달받는다.
　2. 백화점의 통신판매를 활용한다.

| 정책 제안 |

　1. 세일기간 중에는 주차장의 이용을 제한하여 자동차 수요를 줄이도록 한다.
　2. 세일방식과 구매방식을 변경하여 일시에 도심으로 집중하는 것을 막도록 한다.
　3. 통신판매 비율을 일본이나 미국 수준(30%)까지 끌어올린다.
　4. 도시 외곽에 상설 할인판매장을 설치한다.

29. 환경을 생각하는 차캉스

자동차로 여행을 할 때는 1회용품의 사용이 늘어나는데, 이것은 대부분 오랫동안 썩지 않는 물질로 만들어진 것이다.

우리나라의 경우 해마다 여름이면 전국적으로 휴가를 갖는다. 지나간 휴가를 상기하면서, 혹은 앞으로의 휴가에 대비해서 다음의 것을 고민해 보아야 할 것 같다.

한 꼬마가 가족과 함께 여름휴가를 떠난다. 그 꼬마는 휴게소에서 공룡 그림이 들어있는 풍선을 보았다. 꼬마는 그것을 갖고 싶었고 여행길에서 부모를 설득하는 것이 그리 어려운 일이 아니었기 때문에 그 풍선은 꼬마의 손에 쥐어질 수 있었다. 꼬마가 탄 자동차는 출발했고 얼마 안가서 해변도로를 달리게 되었다. 가족들은 바닷바람을 쐬고 싶어서 창문을 열었다. 꼬마는 거리의 사람들에게 풍선을 흔들어 댔다. 순간 풍선은 꼬마의 손을 떠나고 말았다. 꼬마는 소리쳤지만 헬륨이 든 풍선은 이미 하늘로 날아가 버렸다. 그러자 꼬마의 부모는 '그까짓 풍선 다시 사줄게' 하고 꼬마의 투정을 달래고 있었다.

　이 얘기가 우리 주변에서 흔히 볼 수 있고 또는 직접 체험하기도 한 상황임을 알 수 있을 것이다. 얼핏 보면 이 얘기에는 별 문제가 없다. 왜냐하면 대부분의 사람들이 그 풍선이 하늘로 날아가서 없어질 것으로 생각하기 때문이다. 그러나 문제는 풍선이 꼬마의 손을 떠나면서 시작된다.그 풍선은 높이 날아가다 바다로 떨어진다. 만일 집이나 학교에서 날렸다 하더라도 풍선은 대부분 바다로 떨어진다. 색깔이 바랜 풍선은 바다동물이나 물고기에게 마치 먹이로 보이게 되는데, 이로 인해 지구상에서는 매년 수만 마리의 바다생물들이 고통을 당한다. 고무는 동물의 소화기관을 막아서 음식을 먹지 못하게 하는데 결국 풍선을 먹은 새나 동물은 고통을 받다가 죽게 된다. 또 하나, 육상에서는 전철이나 기차 등의 운행을 방해하여 대형 사고를 일으키기도 한다. 즐거운 휴가길에 그것도 귀여운 풍선이 바로 이런 일을 저지르는 것이다.

　요즈음의 휴가는 과거와는 달리 자동차가 많이 이용된다. 차캉스라는 말이 생길 정도로 자동차가 많이 동원되고 있는 것이다. 그런데 우리는 아직 자동차를 이용하면서 풍선을 날리는 것과 같은 그런 일들을 많이 하고 있다. 냇가나 강가에서 차를 세차하거나, 차를 험하게 몰아서 동식물을 해치거나, 차에 가득 싣고 간 음식과 1회용품을 아무 데나 버리는 행위 등이 바로 그런 것들이다.

　이미 우리의 강과 하천은 오염이 심한 상태이다. 환경처가 밝힌 전국 주요하천의 수질오염자료를 보면 수도권에서는 세 곳을 제외하고는 물놀이를 할 수 있는 하천이 없는 상태이다. 그럼에도 불구하고 하천에서 세차를 하는 사람들이 아직도 눈에 띄고 있다.

119

쓰레기도 문제이다. 현재 우리나라에서 하루에 버리는 1회용품 쓰레기는 트럭 4천 대분에 해당한다. 여행 중에는 특히 1회용품을 많이 사용하게 되는데, 이 쓰레기 중의 상당부분은 도로나 자연에 버려지고 있다. 여행 중에 먹고 버린 컵라면 용기는 500년 동안 썩지 않는다. 나무 젓가락과 종이컵도 20년 동안 썩지 않는다.

한해에 5만 종의 생명체가 사라지는 지구 위에서 우리는 휴가를 보내고 있다. 앞으로의 휴가는 가족과 함께 풍선의 교훈을 생각하면서, 그리고 자연을 생각하면서 보다 환경적으로 보내자.

녹색 강령

1. 야외에 나갈 때는 자녀에게 환경보호에 대해서 각별히 주의 시킨다.

2. 1회용 쓰레기는 모두 수거하여 분리수거함에 넣도록 하고 이것이 불가능한 곳에서는 안전한 장소에서 소각한 후 땅에 묻는다.

정책 제안

1. 운전면허 교육시 야외 자동차 생활에 대한 내용을 포함시킨다.

2. 주요도로나 휴양지에 쓰레기 분리수거함을 확대 설치한다.

30. 자동차시대의 선물은 이런 것을

세제나 휴지대신 흰색 스프레이나 휴대용 소화기 같은 필수품을 선물하는 것이 좋다.

요즘은 집들이에 초대될 경우 무엇을 들고 갈까? 그동안 집들이 때 선물용 품목은 양초나 성냥, 아니면 휴지나 세제류가 거의 대부분이었다. 그래서 잔치를 치룬 집에는 대개 한두 해는 쓸 만큼 이 물건들이 쌓여 있게 된다. 이 물건들은 대개 복을 상징한다고 해서 다른 사람에게 나누어 주지도 못하게 되며, 결국 한 집에서 모두 사용하려다 보니까 물건이 아까운 줄 모르고 낭비하게 된다.

자동차의 경우도 사정은 마찬가지이다. 요즈음 자동차를 새로 사면서 일부이긴 하지만 차가 출고되자마자 시트를 새로 하고 타이어를 바꿔 끼우는 사람들이 있다. 멀쩡한 시트와 타이어를 떼어버린다. 그런데 이런 일은 시승식이란 자리에서 주위 사람들의 선처로 이루어지기도 한다. 가령 거래처의 담당자가 차를 사면 수입 타이어를 선물하거나, 조카가 차를 뽑았다는데 가죽시트는 해줘야 되겠다는 등의 생각에서 불필요한 선물들이 시승식을 전후해서 이루어지고 있다.

물론 생활이 풍족해지다 보니까, 웬만한 것은 다 갖추고 있을 것 만 같고, 딱히 선물할 물건은 떠오르지 않고, 그러다 보니 할 수 없이 집들이 갈 때는 종전처럼 비누나 휴지, 시승식에는 시트 같은 물건을 선물하고 있는지도 모르겠다.

그런데 과연 우리는 필요한 물건을 모두 갖추고 있을까? 그렇지 못할 것이다. 우리나라 자동차의 절반 정도는 필수품들을 갖추고 있지 않다. 이 사실을 안다면 우리는 적은 돈으로 꼭 필요한 물건들을 선물할 수 있다.

이러한 물건에는 스프레이식 흰색 페인트가 있다. 이 페인트는 사고 난 지점을 표시할 수 있는데 여러분 자신이 접촉사고가 나거나 주위에서 사고가 났을 때 신속하게 차를 치우는 데 도움을 주고, 교통체증과 환경오염을 줄일 수 있는 물건이다.

차량휴대용 소화기도 좋은 선물이 될 수 있다. 시트를 교환 할 수 있는 돈이면 세 개의 소화기를 살 수 있는데, 소화기는 엔진과열이나 사고로 발생하는 자동차화재를 조기에 막을 수 있다. 이것 역시 재산피해를 줄이고 환경을 보호하는 데 도움을 준다.

쇼핑할 때 사용할 수 있는 접는 손수레나 쇼핑용 색을 들 수 있다. 백화점이나 시장에 갈 때 큰 자루를 이용하면 비닐봉지나 쇼핑백을 가져오지 않아도 되고, 접는 손수레는 들기 힘든 물건들을 쉽게 운반하도록 도와 준다. 이 물건들은 야외에 놀러 갔다가 쓰레기를 담아 올 때도 유용하게 사용할 수 있다.

자동차의 앞 좌석을 태양의 직사광선으로부터 막아주는 종이 가리개도 좋은 선물이다. 이 태양가리개를 운전석 위의 앞 유리창

에 올려 놓으면 직사광선을 차단하여 실내의 온도 상승을 막아주는
데, 이렇게 되면 휘발유의 증발을 줄여주고 에어컨 가동비용을 줄
일 수 있어서 경제적으로나 환경적으로 도움이 된다.

이제부터는 선물도 환경을 생각하면서 골라 보자. 선물에 담긴
깊은 뜻을 상대방이 알게 된다면 당신은 오랫동안 기억되는 사람이
될 것이다.

녹색 강령

1. 오염을 유발하는 선물보다는 받는 사람에게 유용한 물건을 선물하도록 한다.
2. 휴대용 소화기나 흰색 스프레이는 유사시에 안전을 보장해 주고 체증을 줄여 준다는 사실을 명심하자.

정책 제안

1. 자동차시대의 필수품을 선정하고 필수품의 휴대를 의무화 한다.
2. 저렴한 가격으로 필수품을 공급하는 방안을 강구한다.

31. 식물은 차의 꽁무니를 싫어한다

차를 세울 때 나오는 배기가스는 식물에게 치명적이다. 주차할 때는 언제나 앞 범퍼가 식물 쪽으로 향하도록 한다.

식물이 생각한다는 말을 들어본 적이 있을 것이다. 결론부터 말하자면 식물은 자기존재를 인식할 뿐 아니라 또 생각도 할 수 있다. 식물도 인간들처럼 기쁨과 슬픔을 느낄 줄 안다는 의미이다.

가령 예쁘다는 말을 들은 난초는 더욱 아름답게 자라게 되고, 볼품없다는 말을 들은 장미는 자학 끝에 시들어 버린다. 산속의 떡갈나무는 나무꾼이 다가가면 부들부들 떨고 홍당무는 토끼가 나타나면 사색이 된다. 제비꽃은 바하와 모짜르트를 좋아하고 하드록을 싫어한다. 식물은 자신을 보살펴 주는 사람에게 관심과 애정을 보일 뿐 아니라 그 사람의 마음을 읽어내며 민감하게 반응한다.

「식물의 정신세계」라는 책을 쓴 톰킨스와 버드는 이 책을 통해서 과학적 논증과 인문적인 상상력으로 식물이 생각한다는 사실을 밝혀내고 있다. 그들은 이 책에서 여신 아프로디테 말고는 이 세상에서 꽃만큼 사랑스러운 것도, 식물만큼 소중한 것도 없다는 사실을 전제하면서, 만일 녹색식물이 없다면 사람들은 숨을 쉴 수도 없고, 또 먹고 살 수도 없다는 주장을 하고 있다.

지금 우리들이 지나고 있는 도로변에는 코스모스나 로드베키아 같은 꽃들이 피어 있을 것이다. 그리고 차를 세워 둘 옥외주차장 화단에도 데이지나 과꽃이 피어 있을 것이다. 또 잔디도 푸른 빛을 발하고 있을 것이다. 이러한 꽃과 잔디가 우리들을 기억하고 있다면 느낌이 어떠하겠는가? 그런 꽃과 잔디를 향해서 차의 꽁무니를 들이대고 주차를 할 수 있겠는가?

차를 세울 때 배기구에서 나오는 아황산가스와 질소산화물은 식물들에게 아주 치명적인 독소가 된다.

무심코 잘못 댄 자동차 때문에 꽃과 잔디로부터 원망을 사지 않도록 주의하자. 자신의 생명을 위협당한 그들은 차를 잘못 주차시킨 운전자를 영원히 잊지 않는다. 이제부터 화단에 주차할 때는 반드시 자동차의 앞부분이 화단 쪽을 향하도록 각별히 주의하자.

녹색 강령

1. 주차시에는 항상 주변에 식물이 있는지 확인한다.

2. 자동차의 꽁무니는 항상 화단의 반대방향을 향해야 한다는 사실을 잊지 말자.

3. 식물이 운전자를 기억한다는 사실을 명심하자.

정책 제안

1. 화단 등 주의가 필요한 곳에 경고 표지를 세워 둔다.

2. 캠페인을 통하여 화단주변에서 주차하는 요령을 홍보한다.

3. 주차장 주변에는 내공해성 식물을 식재한다.

4. 주차방법이 잘못된 자동차에게 경고스티커를 발부한다.

32. 쓰레기 잔치는 이제 그만

설날이나 추석연휴의 고향길에는 늘 쓰레기가 도로에 쌓인다. 우리의 교통문화를 깎아내리는 일이 아닐 수 없다.

해마다 한가위 연휴 때면 수많은 사람들이 고향을 찾는다. 더러 소통이 잘 되기도 하지만 고속도로나 국도 어느 곳에서도 체증을 피할 수는 없다. 도로가 막히니까 차에서 내리고 시간이 길어지니까 음식을 먹기도 한다. 배고픈데 별 도리가 없는 것이다. 그런데 여기서 이런 얘기를 꺼내는 것은 차에서 내리거나 음식을 먹었다는 사실을 말하려는 것이 아니다. 바로 그 다음에 나온 쓰레기에 대한 얘기를 하고자 하는 것이다.

한국도로공사와 고속도로 휴게소 업계의 집계에 따르면 작년 추석연휴 4일 동안 고속도로에 버려진 쓰레기 양은 모두 1천6백 톤, 그러니까 하루에 평균 400톤씩 발생했던 것이다. 이 쓰레기 양은 140만 명의 도시인구가 하루에 쏟아내는 쓰레기 양이고, 연휴기간의 총 분량은 2.5톤 트럭 640대가 실어 나른 분량이다. 그런데 이것은 청소차가 수거할 수 있는 곳에 버려진 쓰레기 양이고 제대로 수거할 수 없는 곳에 버린 쓰레기까지 계산하면 쓰레기 양은 훨씬 늘어난다. 이런 쓰레기도 4일간에 걸쳐 480톤이 넘었으니까 말이다. 한마디로 고속도로가 쓰레기장이 되어 버렸다고 해도 과언이 아니다.

돌이켜 보면, 지난 해까지 귀성길 우리들의 문화성적표는 들쳐보는 이가 창피할 정도로 좋지 못한 수준이다. 고향가는 길이 아무리 즐겁다고 하지만 끝도 없이 버려진 쓰레기를 보면서 마음이 상쾌할 수는 없다.

아직 우리나라는 외국처럼 도로에서 쓰레기를 버린다고 해서 높은 벌금을 부과하지는 않는다. 우리의 제도가 잘못 되었다기 보다는 아직까지는 우리의 양심으로 쓰레기를 막을 수 있다는 당국의 의지로 이해하고 싶다.

하지만 우리의 도로는 외국의 도로에 비해 결코 깨끗한 편이 못된다. 이제 우리도 달라져야 될 때가 되었다고 생각한다. 작은 실천을 시작해야겠다. 음식 찌꺼기나 휴지를 도로변에 버리지 말고 반드시 차에 싣고와서 규정된 장소에 버려야 한다. 쓰레기 고속도로가 되었다는 소리를 듣지 않기 위해서 작은 실천을 해야하는 것이다

귀향길에 버리는 양심은 운전자 자신의 양심뿐 아니라 가족들의 양심까지 함께 버려진다는 것을 명심하자.

녹색 강령

　1. 즐거운 고향길에서 얼굴을 찌푸리는 일이 없도록 쓰레기는 차에 모아두었다가 목적지에서 처리하도록 한다.

　2. 귀성길이나 귀경길에는 쓰레기를 담을 수 있는 쓰레기 수거봉투를 사전에 준비하도록 한다.

정책 제안

　1. 고속도로에서 쓰레기를 투기하는 행위에 대한 감시를 강화한다.

　2. 쓰레기 투기행위에 대한 시민신고를 당부하고, 신고절차를 간소화 한다.

　3. 톨게이트에서 쓰레기 수거봉투를 나누어 주어 투기행위를 막도록 한다.

　4. 귀성길에 가급적 1회용품을 쓰지 않도록 홍보한다.

33. 성묘길에도 자연이 파괴된다

성묘길의 무분별한 자동차 운행은 조상들이 묻힌 자연환경을 파괴한다.

한가위 추석이면 우리는 조상들의 산소를 찾아가서 성묘를 한다. 그런데 이제 성묘길도 여간 복잡한 게 아니다. 자동차가 늘어났고, 묘지 주변의 교통여건도 별로 좋지 않기 때문이다. 그러나 조상을 찾아가서까지 짜증내면서 얌체운전을 할 사람은 없을 것이다.

다만 걱정스러운 것은 길이 제대로 나있지 않고, 주차장이 없는 곳의 자연환경이 자동차로 인해 크게 손상되지나 않나 하는 것이다. 예년의 성묘길을 회상하면 조금이라도 더 산소에 가깝게 차를 대기 위해서 길이 아닌 곳을 주행하는 일이 있었고, 또 주차할 곳이 없다고 잔디밭이나 채소밭에 차를 세우기도 했고, 차에 흙이 많이 묻었다고 주변 개울에서 세차하는 일들이 종종 있었다. 지난해의 자동차문화 수준을 생각해 보면 예년에 비해 좀 나아지기는 하겠지만 아직도 많은 사람들이 잘못된 행동을 되풀이할 것으로 생각된다.

우리들이 자연에서 남긴 발자국은 몇 년간이나 그 흔적이 남아 있게 된다. 그런데 자동차가 남긴 흔적은 얼마나 오래 남아 있겠는 가? 게다가 자동차는 배기가스와 연소찌꺼기들을 함께 남겨 놓는다. 이 흔적들은 산소 주변의 동식물 뿐만 아니라 미생물에게 영향을 주어서 주변 생태계를 변화시키게 된다. 이런 사실은 생태학자들의 연구에 의해 수차례 밝혀진 내용이다.

물론 산소가 위치한 곳은 경관이 수려하거나 임상이 좋은 국립공원이나 자연공원은 아니지만 어느 것 하나 자연은 소중하지 않은 것이 없기 때문에 가볍게 보아서는 안된다. 특히 조상들이 묻혀있는 산소 주변에서 자연을 손상시킨다는 것은 그 어느 곳에서도 그런 일을 할 수 있다는 것으로 이해할 수 있기 때문에 걱정이 되는 것이다. 그 뿐 아니라 성묘길에는 가족들이 동반되고 특히 어린 2세들이 동행하기 때문에 더욱 안타깝다.

한가위 성묘길에서 자연을 해치고, 개울에서 세차하는 사람은 아마 평상시에 차에서 담배꽁초를 함부로 버리고, 경적을 울려 대고, 환경운전을 하지 않는 반 환경적인 운전자일 확률이 높다. 이런 오해를 사지 않기 위해서라도 특별히 주의를 해야겠다.

혹시 예전에 이런 행동을 했던 사람이 있다면 이제 마음을 바꾸어야 한다. 낮에는 자연환경을 해치면서 어떻게 저녁에 둥근달이 잘 보였으면 하는 생각을 할 수 있겠는가? 고향에서나마 둥근달을 선명하게 볼 수 있는 것은 아직 우리가 늦지 않았다는 것을 의미한다. 우리의 2세가 고향에서도 둥근달을 제대로 볼 수 없는 그런 상황을 연출하지 않기 위해서는 반 환경적인 행동을 이제는 하지 말아야 하겠다.

정책 제안

1. 특정일에 성묘객이 몰리지 않도록 분산성묘를 홍보한다.

2. 대형 공동묘지 주변에 주차장을 확대하고 관리를 강화한다.

3. 성묘객이 몰리는 장소에 임시로 대중교통 노선을 늘리고, 버스를 우선 소통시키도록 한다.

4. 묘지 주변에 쓰레기 분리 수거함을 설치한다.

34. 반 환경적인 자동차 광고를 경계하자

허위과장된 자동차 광고는 교통문화를 퇴보시킬 뿐만 아니라 환경 의식을 흐려 놓는다.

우리는 하루에도 몇 차례씩 자동차 광고를 보고 듣는다. 신문에서 잡지에서 그리고 거리의 입간판에서 광고를 접하고 라디오나 TV를 통해서 듣고 본다. 자동차 광고의 내용을 떠올려 보면 그것은 멋있고, 세련되고, 강하다는 느낌이 들 것이다. 온통 자동차 광고의 카피가 속력과 힘을 강조하는 것이어서 자동차 광고를 떠올리면 저절로 그런 생각을 갖게 되는 것 같다.

운전자가 자동차 광고에 대한 이미지를 마음 속 깊게 간직한다면, 그 운전자는 운전 중에 무의식적으로 광고의 내용을 모방할 수 있다. 만일 광고의 내용이 속력을 강조하는 것이라면 운전자는 과속할 수 있고, 적재능력을 강조하는 것이라면 운전자는 과적할 수 있으며, 그리고 초원을 질주하는 것이라면 자연을 파괴할 수 있는 것이다. 자연을 질주하는 것도 환경에 피해를 주는 것이지만, 과속이나 과적도 환경보호에 역행하는 운전습관이다. 과속이나 과적은 에너지 낭비의 원인이 되고, 안전운전의 장애요인이 되며, 오염배출량을 증가시키게 된다.

　고성능과 파워를 내세워 자동차의 속력을 강조한 자동차 광고를 살펴보자. "강한 것이 아름답다", "속도는 본능이다", "지상비행", "속도무제한" 등 자동차 광고의 카피문구는 온통 자동차의 속력이 월등함을 보이기 위한 것이다. 또 과적을 부추기는 광고도 있다. "오늘 어때?", "거뜬합니다", "오늘은 짐이 많은데……", "문제없어요. 포터 아닙니까? 포터" 소형트럭이 실을 수 있는 화물은 한계가 있는데 마치 많은 짐을 실을 수 있는 것처럼 광고한다면 운전자는 심리적으로 과적을 할 수 있다는 착각을 하게 되는 것이다.

　이 같은 자동차 광고의 '반 안전성'과 '반 환경성'에 대해서 시민단체와 일부 전문가가 반발하면서부터 자동차 메이커들이 한발 물러서긴 했지만 아직도 왜곡된 광고의 재현 가능성이 상존하고 있다. 눈을 밖으로 돌려 외국의 자동차 광고를 보면 이제 우리도 달라져야 한다는 생각을 하게 된다. 지난 1960년대에 자동차 광고에 과속과 섹시즘이 절정에 달하기는 했지만 이제 그런 광고는 자취를 감춘 것이다.

　볼보자동차의 광고는 그 모범사례가 될 수 있다. 원리원칙에 근거한 볼보의 광고는 스피드를 자랑하는 내용이 없다. 스피드 대신에 안전성과 신뢰성을 바탕으로 한 실용주의와 첨단과학을 내세우며 명쾌한 제품철학을 고수하고 있는 것이다. "우리들의 제품은 공해와 소음과 폐기물을 만들어 내고 있습니다", "그럼에도 불구하고 볼보는 환경문제에 진심으로 도전하고 있습니다", "이제는 행동해야 할 때입니다. 변명할 때가 아닙니다" 등과 같은 말을 카피로

소화하면서 볼보는 현재 프레온가스 사용 금지 프로그램과 도장공장에서의 유기용제 감소방안 등을 강조하고 있다. 볼보는 자동차 광고가 어떻게 발전해 나가야 하는지를 잘 보여주고 있는 것이다.

국내 자동차 메이커들도 이제는 광고의 사회적 영향을 반드시 고려해야 할 것이다. 그 일환으로 안전과 환경을 역행하는 광고는 완전히 금지시켜야 한다. 그리고 메이커의 결정에만 의존할 것이 아니라 운전자 스스로가 자동차 광고의 그릇된 행동에 현혹되지 않는 것도 중요하다. 모든 운전자가 안전운전과 환경을 생각하는 운전을 생활화 한다면 왜곡된 광고의 유혹으로부터 자유로울 수 있는 것이다.

녹색 강령

1. 반 환경적인 자동차 광고에 대해서 항의한다.

2. 광고의 내용에 현혹되지 말고 취사선택하는 지혜를 갖도록 노력한다.

정책 제안

1. 허위과장 광고에 대한 제재를 강화한다.

2. 교통문화나 환경의식에 역행하는 광고를 고발하고 징계하도록 광고심의위 활동을 강화시킨다.

35. 녹색 정비업소를 찾아라

정비업소에서는 많은 오염물질이 배출된다. 오염을 줄이기 위해서는 정비업소의 녹색화가 시급하다.

자동차를 갖고 있는 사람이면 누구나 한 달에 두세 번쯤은 카센타를 찾게 된다. 얼핏 보면 카센타가 다 동일한 것 같지만 그 속을 가만히 살펴보면 분명 차이가 있다. 정비공의 정비실력, 제품의 가격, 장비의 보유수준, 그리고 친절한 정도 등 여러 부문에서 차이가 있을 수 있다. 그러나 이 같은 일상적인 정비서비스의 차이점 외에 크게 비교되는 부문이 또 하나 있다.

그것은 정비업소가 얼마나 환경을 생각하고 있는가? 하는 점이다. 그동안 우리나라에서는 정비업소가 환경을 고려하리라고는 꿈에도 생각치 못한 일이었다. 그러나 이제는 정비업소의 경영주가 얼마만큼 환경을 생각하고 있는가에 따라 큰 차이를 보이고 있다.

우선 환경을 생각하는 녹색 정비업소는 다른 곳에 비해 작업장이 청결하다. 자동차에서 나오는 각종 기름과 액체들을 수시로 제거하기 때문에 바닥이 깨끗한 것이다. 만일 작업장의 바닥이 검은 기름찌꺼기로 덮여 있다면 이것은 비가 올 때마다 더러운 폐유와 중금속을 하천으로 유입시키는 것이나 마찬가지다.

두번째로 녹색 정비업소는 폐기물을 원칙대로 처리한다. 자동차는 주행거리에 따라 여러 종류의 소모품을 사용하게 되는데, 이 소모품을 교체할 때는 반드시 폐기물이 발생한다. 예를 들면 밧데리, 엔진오일, 부동액, 그리고 타이어 등이 여기에 해당되는데 이러한 폐기물이 제대로 수거되지 않고 방치될 경우 환경에 큰 피해를 주게 된다.

세번째 녹색 정비업소는 지구환경을 보호하기 위한 장비들을 보유하고 있다. 환경을 지키기 위한 장비로 '프레온가스 점검장치', '프레온가스 회수기', '엔진오일 회수장치' 등을 갖추고 있다. 만일 정비업소에 이러한 장치가 없다면 우리는 에어컨을 고치거나 엔진을 점검하면서 상당량의 프레온가스와 엔진오일을 누출시키게 된다. 결국 장비가 없으면 환경오염이 커질 수밖에 없는데 최근 들어서 많은 정비업소가 이러한 장비들을 보유하고 있다.

네번째 녹색 정비업소에서는 운전자의 환경의식을 고취하기 위한 조언을 해준다. 부품의 적정교환시기, 환경운전 요령, 폐자재의 재활용방법, 그리고 자동차 관리방법 등 운전자가 자동차생활을 하면서 환경을 고려할 수 있는 방법과 요령들을 알려준다.

이처럼 녹색 정비업소는 환경을 그르치는 적색 정비업소에 비해 여러가지 차이점이 있다. 우리가 지구환경을 살리기 위해서는 이러한 녹색 정비업소를 찾아내고 이들에게 지속적인 관심을 갖는 것이 중요하다. 지속적인 관심이란 운전자들이 그 업소를 단골로 이용하면서 그들의 노력에 찬사를 아끼지 않는 것이다.

정비업계의 공해양산을 막기 위해서 운전자가 보다 적극적으로 행할 수 있는 방법으로는 녹색 정비업소와 상반된 입장에 서있는 적색 정비업소를 환경당국에 고발하는 일을 들 수 있다. 녹색 정비업소를 장려하면서 적색 정비업소를 제거해 나간다면 그만큼 우리의 환경은 건강해질 수 있기 때문이다.

녹색 강령

1. 정비업소의 폐기물처리상태를 관찰해서 적색 업소와 녹색 업소를 구분한다.
2. 녹색 정비업소임이 판명된 업소를 단골로 이용하고 주위 사람들에게 적극 홍보한다.

정책 제안

1. 정비업소에 대한 환경지도를 강화하고, 폐유나 폐기물을 불법 처리하는 업소에 대해서 처벌을 강화한다.
2. 정부 차원에서 폐기물 수거시스템을 구축한다.

36. 기록을 남기자

차계부를 쓰면 경제적이고 환경적인 자동차 생활을 할 수 있다.

무언가 기록을 남긴다고 하면 대개는·일기나 가계부를 떠올릴
것이다.

그리고는 이내 어린시절에 억지로 써야했던 일기장과 쓰다 말
고 버려지는 주변 사람들의 가계부를 생각하게 된다. 한마디로 귀
찮은 것이란 생각이 드는 대상임에 틀림없다. 그러나 개인의 활동
범위가 넓어지고 지출 규모가 커지게 되면 우리는 다시 기록을 남
겨야 할 필요성을 느끼게 된다.

교통과 관련된 생활에 있어서도 크게 다를 바가 없다. 우리가
버스나 지하철을 타고 다닐 때의 교통비는 거의 고정된 것이어서
매일 기재하지 않아도 월별 교통비용이 거의 일정하게 유지된다.
그러나 자동차 사고가 난 후에는 지출비용이 일정치 않거니와 지출
규모도 대중교통의 그것과는 크게 차이가 나는 것이다. 그래서 적
게는 몇 만원에서 많게는 몇십 만원을 지출할 때마다 도대체 이 자
동차 때문에 얼마를 지출하고 있는 것인지 궁금해 한다. 그리고 이
렇게 지출하면 자동차 구입비보다 유지비가 많이 드는 것이 아닌지

의아해 할 때도 있는 것이다. 이런 생각이 들 때마다 운전자들은 지출내역을 기록해 두는 것이 좋겠다는 생각을 하게 된다.

　우리가 일상의 자동차생활에서 나타나는 일들을 기록해 둔다는 것은 단지 지출비용을 관리하기 위한 것만은 아니다. 자동차를 관리하고, 운행하면서 일어나는 모든 일을 기록으로 남겨두면 오히려 교통사고 방지나 환경오염 감소 측면에서도 큰 도움이 된다. 기록된 내용에 그동안 운전자가 경험했던 운전이력과 자동차의 이력을 모두 담고 있다면 운전자는 자신의 그릇된 운전습관과 낭비요인을 잘 파악할 수 있기 때문이다.

　운전자가 손쉽게 기록할 수 있는 항목에는 연료의 급유시기와 주유량, 1일 운행거리, 정비일자와 수리내용, 자동차보험 계약일자와 기간, 엔진오일이나 점화플러그 같은 소모품의 교체시기, 자동차세금 등이 있다. 이 외에도 운전자가 운전 중에 각종 위반으로 발부받은 스티커의 내용을 기록할 수 있으며 자동차의 배기가스 배출상태도 기록해 둘 수 있다. 자동차의 배기가스 상태는 검사기가 있는 정비업소나 자동차공업협회 등에서 실시하는 무료점검서비스를 통해서 점검받을 수 있다.

　만일 운전자가 이러한 기록들을 꼼꼼히 정리해 둔다면 그 운전자 자신의 자동차 연비(燃比)가 어느 정도인지 쉽게 확인할 수 있고, 엔진오일을 언제 교환해야 하고, 에어클리너를 언제 청소해 주어야 하는지 금방 알 수 있다. 뿐만 아니라 자신의 벌점 누계를 항상 기억하고 있기 때문에 안전운전을 하게 된다. 따라서 기록을 잘하는 운전자는 안전운전자이면서 자연히 환경을 생각하는 운전자가 될 수 있는 것이다.

일기처럼 매일 쓸 필요는 없지만 필요할 때마다 노트나 메모지에 기록해서 보관하는 것은 좀 불편하기도 하다. 그래서 운전자는 복사지의 이면에다 필요한 양식을 복사해서 사용하거나 이러한 용도에 맞게 제작된 기록부를 사용하는 것이 편리하다. 이 노트는 일명 '차계부(車計簿)'로 불리기도 하는데 시중에서 판매되는 차계부는 1천원에서 5천원 선이므로 기록에 따르는 편익에 비하면 경제적인 부담이 큰 편은 아니다.

자동차에 대한 기록을 남긴다는 것, 이것은 경제적이고, 환경지향적이고, 미래지향적인 생활태도라고 할 수 있다. 지구상에서 선진국 국민의 공통점이 모두 기록문화에 익숙하다는 점을 상기하면서 이제부터 차계부를 쓰도록 하자.

1. 차계부를 준비하고 사유가 있을 때마다 기록한다.

2. 차계부에 기록된 내용을 보고 월단위 또는 분기단위별로 지출내용과 운행내용을 검토한다.

1. 자동차 메이커가 차계부를 제작 배포하도록 하여 모든 운전자가 편리하게 차계부를 기록하도록 한다.

2. 차계부의 소지를 의무화하여 자동차검사나 교통위반 사항을 차계부에 기록하는 방안을 검토한다.

3. 차계부에 담길 내용을 정해서 차계부의 활용가치를 높인다.

37. 폐차도 자원이다

자동차를 재활용하는 것은 일석다조의 환경보호 효과가 있다.

　최근 들어 자동차가 늘어나면서 폐차대수도 증가하고 있다. 최근 5년간 자동차 증가율은 27%를 점하고 있는데, 이에 따라 폐차 증가율도 21%를 상회하고 있다. 작년 한 해 동안 우리나라에서 폐차된 자동차는 25만3천 대에 이르고 있는데 이같은 추세가 지속된다면 오는 96년에는 연간 폐차대수가 60만 대에 이를 것으로 전망된다.

　자동차가 수명을 다하여 폐차되는 것, 이것은 당연한 일이다. 그러나 우리는 폐차처리 과정을 살펴볼 필요가 있다. 우리는 쓰레기를 줄이고 자원을 재생하는 차원에서 폐차를 다시 생각해 보아야 한다.

　폐차의 내용물을 보면 철강재가 80%로 대부분을 차지하고, 그 밖에 합성수지, 고무, 유리 등의 순으로 구성되어 있다. 폐차처리 과정은 우선 중고부품으로서 가치가 있는 부품을 해체해서 분류하고 본체를 절단, 분쇄하여 고철을 모으게 된다. 1500cc급 국산 승용차의 경우 재활용은 폐차 당시 중량의 74% 정도인데 이것은 대부분 철강재에 의한 것이다. 다시 말해서 철강재는 재활용률이 90%에 이르는 반면, 합성수지는 10%, 고무는 25%, 액체는 20%로 매우 낮은 형편이다. 이러다 보니 한 해에 폐차된 차량을 모두 승용차라고 가정하더라도 그냥 폐기된 자동차 쓰레기는 적지 않다. 승용차를 기준으로 산출한 자동차 쓰레기는 합성수지 22,300톤을 비롯해서 모두 6만2천 톤에 이른다.

외국의 경우도 사정은 비슷하다. 일본에서는 그동안 비중이 낮았던 합성수지의 재활용에 관심이 많다. 현재 일본의 경우 자동차는 1대당 약 100kg 정도의 플라스틱이 사용되고 있는데 이는 자동차 중량의 약 9%에 해당한다. 유럽의 경우는 일본보다 더 높은 약 13% 수준이다. 최근 들어서 자동차를 가볍게 만들기 위해서 합성수지의 비중을 점점 높이고 있지만 아직까지 재활용에 대한 획기적인 해결책이 없는 실정이다.

외국의 고민도 우리의 고민과 큰 차이가 없다. 한 해에 6만 톤의 자동차 쓰레기가 그냥 폐기처분되고 있는 것은 자원 재활용 측면에서 큰 낭비가 아닐 수 었다. 우리 모두 자동차를 잘 관리해서 수명을 길게 하고 폐차의 양도 줄여야 하겠다.

불가피하게 폐차를 해야 한다면 낭비를 줄이면서 환경을 오염시키지 않도록 조치를 취해야 한다.

우선 폐차를 할 때는 모든 액체와 기체를 자동차로부터 빼내야 한다. 에어콘의 냉매제는 냉매제대로 분리 회수하고 윤활유 등 각종 액체들은 토양이나 수질을 오염시키지 않도록 별도로 처리해야

한다. 그리고 처음 차를 구입해서 불필요한 부착물을 달거나 장식
을 하지 않는 것도 자원을 절약하는 한 방법이 될 수 있다. 이제부
터는 장식물도 자원으로 생각하는 운전자가 되어야 하겠다.

녹색 강령

1. 재활용율이 높은 자동차를 선택한다.
2. 불필요한 소모품을 과도하게 장식하지 않는다.
3. 폐차 전에 유용한 부품은 재활용한다.

정책 제안

1. 자동차의 재활용율을 높일 수 있도록 연구사업을 지원하고 세제혜택을 제공한다.
2. 폐차장의 폐차 처리과정을 점검하여, 재활용 비율을 높인다.
3. 자동차에 부품 재활용율을 명시한다.
4. 자동차회사의 재활용율을 높이기 위하여 재활용 의무화 비율을 지정한다. (단계별 의무화 비율 지정)

38. 세차는 반드시 세차장에서

세차는 반드시 폐수처리장치가 설치된 세차장에서 실시한다.

　보통 얼마나 자주 세차를 하고 있는가? 차를 깨끗하게 닦아서 타고 다니는 습성은 타는 사람, 보는 사람 모두에게 산뜻한 기분을 갖게 한다. 그런데 세차를 지나치게 자주하는 것은 오히려 손해가 될 뿐더러 환경에도 좋지 않다.

　세차를 할 때 사용한 물은 폐수가 된다. 이 물에는 기름과 먼지, 타이어 분진, 그리고 세제가 포함되어 있다. 그런데 많은 양의 세차 폐수가 별다른 재처리 과정이나 여과시설을 거치지 않고 그대로 하수구를 통해 방류되고 있다. 이 '세차 폐수'는 일종의 '생활하수'로 취급되고 있지만 사실 공장 폐수나 다름없다.

　유럽의 경우 수질오염을 막기 위해 집에서 세차하는 것을 법으로 금지하고 있는 나라들이 있다. 환경 당국의 역할이 중요하겠지만 우리 시민들도 내 차에서 버려지는 세차 폐수가 다시 우리집 수도물로 되돌아 온다는 사실을 염두에 두어 가급적 집에서 세차하는 것을 피해야 하며 합성세제를 쓰는 일이 없도록 하여 조금이라도 오염을 줄이도록 힘써야 한다.

세차시 주의함으로써 환경오염을 줄이는 방법으로는,

첫째, 집이나 기사식당에서 물세차를 하지 않는 것이 있다. 주택가나 기사식당에는 폐수처리장치가 되어 있지 않다. 세차용 폐수를 방류할 경우 그대로 하천으로 흘러 들어가게 된다. 따라서 집이나 기사식당에서는 걸레로만 닦아야 한다.

둘째, 세차장에 차를 맡길 때 폐수처리 장치가 되어있는지, 또 제대로 가동되는지 확인하는 것이다. 만일 그렇지 않다면 그 세차장 주인에게 경고를 하고 그 자리를 떠나자. 폐수처리 장치가 제대로 된 세차장을 찾도록 하자.

셋째, 자동차의 겉면만 세차할 경우 집에서 무공해 세제를 만들어 사용하는 것이다. 우리가 흔히 사용하는 가루비누나 물비누에는 표백제가 첨가되어 있다. 또 자동차의 유리부분을 닦을 때에는 분무식 세제를 사용하기도 하는데 이런 세제에는 인공향료가 상당히 첨가되어 있다. 만일 가정에서 쓰다 남은 베이킹소다나 붕사를 이용해서 자동차를 닦는다면 공해 걱정은 안해도 좋을 것이다. 그리고 이것은 가격이 저렴하고 인체에도 무해하다. 이번 주말에는 아이들과 무공해 세차를 한번 해보는 게 어떨까?

1. 가정에서 세차할 때는 가급적 물걸레로만 한다.
2. 세차장을 이용할 경우는 폐수처리장치가 설치된 곳을 찾아간다.

정책 제안

1. 세차장의 오수처리에 대한 감독을 강화한다.
2. 세차장이 폐수처리장치를 설치할 수 있도록 금융지원을 한다.
3. 폐수 정화장치가 완벽한 세차장에 대해서 녹색 마크를 부여한다.
4. 세차용 무공해 세제를 개발하여 보급한다.
5. 폐수 정화장치를 제대로 가동하는지 감독을 강화한다.

39. 주유시에도 환경을 생각하자

주유시에는 엔진을 정지시키고, 너무 적거나 넘치지 않게 적당량을 주입한다.

자동차에 연료를 채우는 일, 이것은 일주일에 한두 번은 해야 하는 일이다. 자주 있는 일이라 문제가 없을 것 같지만 우리의 주유 행태는 결코 만족스럽지 못하다. 연료를 주유하는 방법이 잘못됐다면 이것은 연료를 낭비함과 동시에 환경을 오염시키게 된다.

연료를 주유하는 행태 중 우리나라 운전자들이 가장 많이 범하는 실수를 짚어본다.

첫째, 연료를 채울 때 너무 가득 채운다는 것이다. 연료탱크에 연료를 가득 채우면 무더운 날에는 가솔린이 팽창해서 탱크로부터 누출될 수 있으니 연료탱크의 총용량 중에서 5리터 정도 여유를 두고 연료를 넣도록 한다.

둘째, 주유 중에 엔진을 정지하지 않는다는 것이다. 주유소에서 10분간만 관찰해 보면 얼마나 많은 사람들이 엔진을 정지시키지 않고 주유하는지 알 수 있다. 주유 중에 엔진을 멈추지 않으면 연료가 낭비될 뿐 아니라 안전에도 문제가 된다.

셋째, 연료를 너무 적게 주입한다는 것이다. 연료를 자주 주입하지 않을수록 가솔린의 증발 기회는 더 적어지기 때문에 너무 가득 채워도 문제지만 너무 적게 채워서 자주 뚜껑을 여닫는 것도 문제가 되는 것이다. 따라서 넘치거나 샐 염려가 없을 정도로 연료탱크는 적절히 채우는 것이 좋다.

넷째, 연료를 주입한 후 신속히 연료탱크의 뚜껑을 닫는데 소홀하다는 것이다. 머뭇거리는 동안 연료는 계속 날아간다. 전국적으로 600만 대의 자동차가 주유시 누출시키는 휘발유나 경유의 양을 생각한다면 이 문제는 소홀히 다루어서는 안된다는 말에 동의할 수 있을 것이다. 셀프 서비스로 직접 주유하게 되는 경우도 문제는 또 있다. 미국 환경보전국은 연료를 주입한 후 머뭇거리게 될 경우 휘발되는 가스를 많이 마시게 되어 암에 걸릴 수 있다는 경고를 하고 있다. 이렇듯 순간의 부주의는 개인은 물론 사회적으로 막대한 피해를 불러 일으킬 수가 있음을 항상 기억해야 한다.

다섯째, 연료가 바닥인 채로 주행하는 경우가 있다는 점이다. 가솔린이 조금밖에 없는 차를 운전하다 보면 엔진이 멈추는 상황이 일어날 수 있으며, 연료가 부족하다는 경고등이 켜지면 운전자는 심리적으로 불안하게 되어 사고의 위험이 높아진다. 연료가 떨어지면 주유소를 찾기 위해 원래의 통행경로를 이탈하거나 주유소의 소재를 묻기 위해 불필요한 정지를 반복해야 하므로 경제적이지 못하다. 또한 연료가 없는 상태에서는 촉매 변환장치에 부담이 가고 심하면 손상이 올 수 있으므로 이러한 상황이 일어나지 않도록 연료의 보충은 여유를 가지고 해야 한다.

단순한 일로만 생각했던 연료주입문제, 이제는 소홀히 해서는

　　단순한 일로만 생각했던 연료주입문제, 이제는 소홀히 해서는 안되겠다. 올바른 주유행태가 지구를 살린다는 사실을 명심하자.

녹색 강령

1. 연료를 주입할 때는 5리터 정도 여유를 두고 채운다.

2. 연료가 바닥인 상태로 주행하지 말고 조금 여유가 있을 때 연료를 주입한다.

3. 주유시에는 반드시 엔진을 정지시킨다.

정책 제안

1. 주유소마다 올바른 주유방법을 제시하고, 주유원들이 지침대로 실천하도록 한다.

2. 700만 대가 누출시키는 휘발유의 양을 추정하여 경각심을 높인다.

3. 시동이 켜진 상태에서 주유하는 행위를 법으로 금지시킨다.

40. 자동차 선택사양, 실용성이 우선이다

에너지 효율과 환경을 고려하여 꼭 필요한 부품만을 장착하도록 한다.

자동차시대가 본격적으로 개막되면서 자동차의 모양과 성능에 대한 관심이 높아지고 있다. 그런데 젊은 층을 중심으로 한 일부 부류는 자동차를 지나치게 치장하거나 차량의 구조를 변경하는 경향이 있다. 5～6백만원 대의 승용차에 백만원이 넘는 수입 알루미늄 휠을 장착하는가 하면 의미가 불분명한 각종 스티커로 자동차를 치장을 하는 것이다.

자동차를 소유한 사람마다 그 취향이 다르기 때문에 차량을 꾸미고 개조하는 것을 부정적으로만 볼 것은 아니지만 이렇게 치장하고 변경한 것 때문에 자신은 물론이고 다른 사람에게 피해를 주게 될 정도라면 이것은 반드시 시정되어야 할 사항이다. 이처럼 문제가 있는 치장을 하면 운전조작에 영향을 주어 안전에 문제가 생기고, 부하가 더 걸리게 되어서 에너지가 낭비되며 오염배출량도 늘어날 수 있다.

예를 들면 기준에 맞지 않는 타이어나 알루미늄 휠은 연료를 많이 소모하게 하는 원인인 동시에 오염량을 증가시킨다. 뿐만 아니라 음료수 걸개나 스탠드형 CD플레이어는 기어변속에 영향을 주고, 너무 짙은 썬팅은 가시거리가 짧아져서 야간운전이나 악천후 운행시에 매우 위험하다. 뒷좌석 위의 장식품들도 운전자의 후방시야를 차단하기는 마찬가지다.

필요한 기능이지만 운전자의 취향에 따라 불필요한 것들도 있다. 자동차가 고급화되어 가면서 구입할 때 선택하는 사양도 다양해지고 있는데, 파워스티어링, ABS, 에어컨, CD플레이어, 파워윈도우 등과 같은 것은 운전자의 취향에 따라 필요할 수 있고 그렇지 않을 수도 있는 것이다. 그러나 모든 운전자들이 마치 필수품인양 이러한 사양들을 그대로 달고 다닌다. 만일 운전자가 별로 필요치 않은 품목을 장착하고 있다면 이것은 자동차를 비싸게 사게 된 것이고, 그 무게만큼 연료비를 더 지불하는 격이 된다.

불필요한 물건을 장착하고 다니는 차원을 넘어서 운전자가 보다 적극적으로 차량을 혹사하는 경우도 있다. 그것은 바로 자동차의 외양을 고치거나 일부기능을 보강한다는 명목으로 자동차를 개조하는 경우다. 차량의 개조는 사양을 선택하거나 차량의 치장에 비해 비용도 많이 든다. 또 차량을 뜯거나 배선을 고치는 범위가 크기 때문에 차체가 더 많이 손상된다.

특히 최근에 제작된 자동차는 전기에 극히 민감한 전자제어시스템이 장착되어 있어서 차량을 수리할 경우에는 세심한 주의가 필요한데, 차량을 개조한다는 것은 정상적인 수리과정이 아니기 때문에 자동차의 제어시스템에 치명적인 손상을 줄 수가 있다. 이 손상들은 연료계통이나 점화장치에 이상을 가져 올 수 있어서 연료가 낭비되거나 오염량을 증가시킬 수 있다.

이제부터 우리가 자동차를 구입하고 이용하는 단계에서 신경 써야 할 것은 자동차에 멋을 내거나 내용물을 고치는 것이 아니다. 어떻게 하면 보다 경제적이고 환경적인 자동차를 탈 수 있는가 하는 것이다. 시에라클럽의 자료에 의하면 휘발유 1리터로 7-8km를 갈 수 있는 자동차는 수명을 다할 때까지 약 58톤의 이산화탄소를 배출하지만 1리터에 20km를 달릴 수 있는 자동차는 약 23톤의 이산화탄소만을 배출하는 것으로 나타났다.

멋을 부릴 목적으로 자동차를 구입하거나 차체를 변형시킨 차는 결코 적은 연료로 많은 거리를 달릴 수 없다. 자동차를 구입하는 목적은 자동차로 자신을 과시하기 위한 것이 아니라 실용적으로 이용하기 위한 것이다.

우리가 지구환경을 생각한다면 자동차를 구입하거나 관리할 때는 항상 자동차의 경제성과 환경성을 중시해야 하겠다.

녹색 강령

1. 필요성을 따져보고 부품을 신청한다.

2. 불필요한 부품은 비경제적이고, 반 환경적이며, 안전에도 좋지않음을 인식한다.

정책 제안

1. 안전에 지장을 주는 과도한 차량장식에 대해서 규제를 강화한다.

2. 불필요한 자동차 장식물은 과소비 방지차원에서 관련 업체에 대한 관리를 강화한다.

3. 자동차 정기 검사시 불법 장식물에 대한 점검을 강화한다.

4. 자동차를 개조하는 업체에 대한 단속을 강화한다.

41. 깨끗한 휘발유가 깨끗한 환경을 만든다

각 정유회사에서 내보내는 휘발유의 질에는 별 차이가 없다. 문제는 주유소에서 무엇을 섞는지 안 섞는지 하는 데 달려 있다.

자동차가 얼마나 많은 오염물질을 배출하는가? 하는 문제에 있어서 가장 비중있게 고려해야 하는 것을 지적한다면, 바로 자동차가 사용하고 있는 연료의 질이라고 할 수 있다. 연료의 질에 따라 오염량이 달라질 수 있는 것이다. 그렇다면 연료의 질은 어떻게 판정할 수 있을까? 양질의 연료를 찾는 것은 생각만큼 어려운 일만은 아니다. 우리가 가장 많이 사용하는 연료를 예로 든다면, 그것은 휘발유가 얼마나 깨끗하게 정제되어 있는가? 휘발유의 옥탄가가 얼마나 높은가? 하는 문제를 따져보면 되는 것이다.

요즘 정유회사의 광고에는 휘발유의 청결성을 강조하는 것들이 있다. 제대로 정제되지 않은 휘발유가 유통되는 현 상태에서 환경을 생각한다면 청정도가 높은 휘발유를 고르는 일이 무엇보다도 중요하다. 이제 정유회사의 정제기준이 강화되어 일반 운전자들이 정제되지 않은 휘발유를 사용하는 일은 거의 없지만 그렇다고 시중의 제품이 다 동일한 것만은 아니다. 고청정 휘발유라 하더라도, 엔진 내에 잔유물이 남지 않도록 하거나 잔유물을 제거하는 첨가제의 유무에 따라 질이 달라질 수 있기 때문이다.

휘발유의 세정이나 청결도 외에 자동차의 대기오염과 깊은 관계가 있는 다른 하나가 바로 휘발유의 옥탄가이다. 간단히 말해서 옥탄가는 가솔린이 엔진의 노킹을 얼마나 잘 방지해 주는가에 대한 척도라고 할 수 있는데 정유회사별로 이 옥탄가가 상이할 수 있다. 만일 자동차의 엔진에 이상이 없는 상태에서 폭발음이 나는 노킹현상이 일어났다면 이것은 지나치게 낮은 옥탄가의 휘발유를 사용했기 때문이다. 엔진에서 노킹현상이 일어나면 이에 수반되는 배출물질이 증가하는데 이는 곧 오염이 증가하는 것을 의미한다.

일반적으로 자동차가 사용하는 보통 가솔린은 86~95 사이의 옥탄가를 가지고 있는데 가급적 옥탄가가 높은 휘발유를 사용하는 것이 좋다. 옥탄가는 자동차의 엔진크기와 압축비율에 영향을 받게 되는데 자동차의 사용지침서에는 자동차의 특성에 맞는 옥탄가가 제시되어 있으므로 옥탄가에 대한 상식이 부족한 사람은 이 지침서를 참고하면 된다.

휘발유의 옥탄가는 정유회사별로 공개하는 것이 원칙이므로 신문광고나 주유소의 안내서에서 쉽게 발견할 수 있다. 만일 옥탄가에 대한 정보를 얻을 수 없다 해도 자동차에 적합한 휘발유를 찾는 방법이 없는 것은 아니다. 날씨가 덥거나 추울 때 자동차가 부드럽게 달리는지, 순간가속도가 정상 상태인지, 시동을 건 후에 머뭇거림 없이 움직이는지, 노킹없이 가속이 잘 되는지 등을 점검하는 것이 그 방법이다.

　1993년 10월 현재 국내에서 시판되는 휘발유는 청정도나 옥탄가에 문제가 있는 것은 없다. 그렇다고 연일 매 시간마다 듣게 되는 광고의 내용처럼 특별히 깨끗한 휘발유도 없다. 5개 회사의 제품이 거의 비슷한 수준인 것이다.

　그런데 중요한 것은 각 정유회사에서 내보내는 휘발유의 질에는 차이가 별로 없지만 운전자들이 사용하는 휘발유는 질에 있어서 차이가 클 수 있다는 점이다. 그것은 어떤 회사의 제품을 사용하고 있는가가 중요한 것이 아니라 어떤 주유소에서 휘발유를 넣었느냐에 달려있다. 운전자가 이용하는 주유소가 애당초 정유회사에서 출고한 휘발유의 질을 그대로 유지하고 있느냐 하는 것은 중요한 문제이다. 좀더 쉽게 말하면 무엇을 섞었느냐 안 섞었느냐 하는 얘기인데 이는 휘발유의 질을 크게 바꿔 놓을 수 있다. 따라서 어느 주유소가 양심적인 주유소인지를 파악하는 것이 더 중요하다.

　손쉽게 이용할 수 있는 주요소를 몇 개 선정해서 휘발유의 상태를 점검해본 후 신뢰가 가는 주유소를 단골로 삼을 수 있을 것이다. 양심적인 주유소를 단골로 삼는 것도 환경오염을 줄이는 방법 중 하나이다.

녹색 강령

1. 연료의 질과 이상현상과의 관계를 이해한다.

2. 자신이 찾는 주유소의 휘발유 상태를 점검하고, 가급적 신뢰도가 높은 주유소를 단골로 이용한다.

3. 문제가 있다고 판단되는 주유소는 관계 당국에 고발한다.

정책 제안

1. 각 주유소의 휘발유 질에 대한 감독을 강화한다.

2. 정유회사가 휘발유의 질을 꾸준히 높이도록 유도한다.

3. 정유회사별로 휘발유의 질에 대한 평가자료를 공개한다.

4. 휘발유의 질이 우수한 주유소를 선정해서 우수주유소 마크를 부여한다.

42. 연비가 곧 환경지표다

자동차의 규정 연비를 잘 유지하는 것이 경제적이고 환경적인 운전행위다.

요즈음 소비자문제 관련 상담실이나 자동차회사의 고객상담실로 가장 많이 문의되는 내용이 있다면 그것은 바로 자동차의 연비에 대한 질문이나 항의일 것이다. 대개는 자동차를 구입할 때 카탈로그에 명시된 연비보다 자신의 자동차가 지나칠 정도로 연료를 많이 소모한다는 내용이다. 그런데 문의 내용을 살펴보면 자동차에 대한 이상이 있는 경우도 있지만 대부분 연비에 대해 정확한 이해를 하지 못한 경우가 많은 것을 알 수 있다.

연비는 일정한 단위 연료로 차가 달릴 수 있는 거리를 의미하는데, 영어로는 fuel economy라고 한다. 연비가 영어로 '연료의 경제성'을 나타내는 데서 알 수 있듯이 연비가 높다는 것은 곧 연료의 경제성이 높다는 것을 의미한다. 그러니까 우리 식으로 하면 연비는 리터당 킬로미터로 표시할 수 있는데 연비가 15인 자동차는 연비가 10인 자동차보다 더 경제적이라는 얘기가 된다. 이 정도의 내용은 웬만하면 다 알고 있으리라 믿는다.

내가 타는 차의 연비를 알아보는 방법에 대해 덧붙이자면, 연비를 점검하고자 하는 시기에 연료를 가득 채우고, 주행미터기에 기록된 주행거리를 따로 기록해 둔다. 그리고 연료를 다시 주입할 때 주행미터기를 확인한다. 연료를 다시 가득 채우면서 몇 리터가 주입되는지 주유기의 유량계를 확인한다. 그러면 주행거리를 사용한 연료의 양과 주행거리를 알 수 있다. 이때 그 동안의 주행거리를 사용한 연료의 양으로 나누어 주면 정확한 연비를 산출할 수 있다. 이런 계산법도 한두 번씩은 들어보았을 것이다.

이렇게 점검한 연비가 원래 명시된 시가지 주행연비와 비교하여 오차 2, 3 정도면 일단 정상이라고 이해하면 된다. 그러나 이보다 큰 차이를 보이면 일단 자동차나 운전행태에 문제가 있는 것으로 간주할 수 있으므로 원인을 찾아야 한다. 우선 자동차의 이상 유무를 점검할 필요가 있는데 자동차의 적재중량, 연료계통, 동력전달장치, 타이어 등을 살펴보아야 한다. 만일 자동차에 이상이 없다면 운전자의 운전습관이나 주행코스에 문제가 있는 것이다. 지나치게 브레이크를 자주 사용한다거나, 지속이나 고속주행이 많다거나, 급출발이나 급정지 횟수가 많은지를 확인해 볼 필요가 있다. 그리고 주행하는 코스에 경사가 심한 곳이 얼마나 있는지 확인해 본다. 그래서 문제가 있다면 운전습관을 과감히 고치고, 그럴 수 있다면 주행코스도 바꾸도록 권한다.

자동차가 낼 수 있는 연비를 규정대로 유지시키는 일은 일단 운전자가 경제적인 운전을 하고 있다는 증거이다. 효과는 여기에서 그치는 것이 아니다. 규정된 연비를 최대로 유지한다는 것은 배기가스가 감소된다는 것을 의미하기 때문에 환경에도 매우 큰 도움이 된다.

　이제 자신의 자동차 연비가 얼마인지 확인해 보고 한번 현재의 연비를 점검해 보자. 문제가 있다면 원인을 찾아서 연비를 올려야 한다. 그리고 한 가지 당부하건대 앞으로 자동차를 바꿀 때는 지금의 자동차보다 연비가 높은 자동차를 선택하고 주위에서 자동차를 사려는 사람에게도 그렇게 권하도록 하자.

　이러한 노력이 바로 경제는 물론 지구를 살리는 길과 이어지는 것이다.

녹색 강령

1. 주기적으로 자동차의 연비를 점검한다.
2. 연비의 변동요인을 확인하고 이상이 발생될 경우에는 문제의 운전습관이나 고장부위를 고치도록 한다.

정책 제안

1. 연비가 높은 자동차를 보급한다.
2. 연비를 쉽게 확인할 수 있도록 연비점검 서비스를 실시한다.

43. 달리는 자동차!
새는 곳을 찾아라

자동차에서 새어나온 독성의 유동체들은 배수구를 통해서 하천으로 흘러 들어 강과 바다를 오염시킨다.

차를 세워두고 주차장을 나설 때 한 번쯤은 바닥을 유심히 살펴보자. 그곳에는 검게 눌어붙은 퇴적물이 있다. 얼핏 보면 껌이 눌어붙어 있는 것 같지만 그렇게 넓은 면적이 껌으로 뒤덮여 있을 수는 없다. 좀더 허리를 굽혀 자세히 살펴 보면 이것은 자동차에서 새어나온 각종 기름과 액체들이 주변의 먼지와 함께 굳어져 있는 것임을 알 수 있다.

주차장 바닥에 이렇게 많은 찌꺼기들이 남아 있다는 것은 우선 주차장의 청소가 제대로 이루어지고 있지 않음을 말해 준다. 그러나 이것보다는 우리의 자동차 관리가 엉망이라는 사실을 깨달아야 한다. 위와 같은 현상은 자동차를 제대로 돌보지 않음으로써 각종 액체들이 흘러나오는 것을 감지하지 못했음을 의미하기 때문이다.

그런데 자동차의 찌꺼기들이 주차장 바닥에만 떨어져 있는 것은 아니다. 단지 주차장에서는 장시간 차가 세워져 있어서 흘러나온 유동체가 육안으로 식별이 가능할 정도로 고여있기 때문이다.

주차장에서 흔적을 남긴 자동차는 분명 도로를 주행하는 과정에서
도 바닥에 각종 유동체들을 흘리고 다녔음을 알아야 한다. 육안으
로 관찰한 것 이상이 새어나왔음을 알아야 한다는 이야기이다.

혹자는 자동차에서 새어나온 유동체들을 보면서 뭔가 보충해
주어야 한다는 의무감을 느낄 것이다. 그리고는 곧 비용을 생각하
게 된다. 새어나온 것이 브레이크오일일까? 엔진오일일까? 아니면
부동액일까? 이것들이 주차한 지 얼마 안되는 것들임을 상기해 보
면 돈이 아깝다는 생각이 든다. 그러나 할 수 없이 부족한 것을 채
워야 한다는 결론을 내리고 정비업소를 찾게 된다. 보통 사람이면
모두 여기까지는 생각한다.

그러나 이제는 한 가지를 더 생각해야 한다. 자동차에서 새어
나온 유동체들은 모두가 유독성 물질로서 도로나 주차장 바닥에서
그냥 사라지는 것이 아니다. 이 액체들은 도로나 주차장 바닥의 흡
수공 속에 들어 있다가 물이 첨가되면 배수구를 통해서 하천으로
흘러간다. 결국 하천으로 흘러간 이 유독성 물질은 우리의 식수나
강을 오염시키게 된다. 뿐만 아니라 도로에 비가 내릴 무렵에는 도
로 위의 흡수공에 잠복해 있던 유동체들이 빗물과 작용하면서 도로
표면에 얇은 코팅막을 형성하는데, 이 코팅막은 자동차의 제동력을
떨어뜨리기 때문에 교통사고의 위험이 가중된다. 따라서 차를 세웠
던 바닥에 액체가 떨어져 있으면, 그 액체가 어디서 새어 나왔는지
를 파악하고 바로 자동차를 수리해야 한다.

자동차에서 새어 나온 액체 중에서 특히 수질오염에 치명적인
영향을 주는 액체는 브레이크액, 변속기오일, 엔진오일, 부동액, 냉
각수, 가솔린, 앞유리 세정액 등인데 이 액체들은 고유의 색깔을 가

지고 있기 때문에 주의 깊게 관찰하면 새어 나온 곳을 찾을 수 있다. 예를 들면 모터오일이나 엔진오일은 검은색이고 냉각수나 부동액은 노란색이나 녹색, 변속기오일은 분홍색이나 빨간색이며 브레이크액이나 무연휘발유는 투명하다. 이런 특징을 기억해 둔다면 운전자는 자동차의 이상지점을 쉽게 확인할 수 있다. 자동차에서 새어 나온 액체 중에서 환경에 무해한 것은 오로지 에어컨을 가동할 때 떨어져 고이는 물 뿐이라는 점을 상기하면서 자동차의 찌꺼기들을 유심히 살펴야 한다.

색　깔	유　동　체
검은색 / 흑갈색	모터오일, 엔진오일
노란색 / 녹　색	냉각수, 부동액
분홍색 / 빨간색	변속기오일
투　명	브레이크액, 무연휘발유

녹색 강령

1. 자동차에서 새어나오는 물질이 있는지 수시로 확인한다.
2. 누출물이 어디서 나온 것인지 알 수 있도록 자동차에서 사용하는 액체의 색상을 알아 둔다.

정책 제안

1. 주차장같이 자동차가 장시간 세워있는 곳에는 실내 오수처리 장치를 설치하도록 한다.
2. 누출물에 대한 관리지침을 정리해서 홍보한다.
3. 제품의 포장용기에 수질오염의 위험을 표시하도록 한다.
4. 제조업체가 폐유동액의 수거를 의무적으로 수행하도록 한다.

44. 부동액도 수질오염원이다

사계절용 부동액을 사용하면 폐기해야 할 부동액의 양이 크게 줄어 든다.

요즘 자동차의 소모품 중에서 비중이 가장 높은 것은 바로 부동액이 아닐까 한다. 알다시피 부동액은 냉각수의 동결을 방지하기 위한 것으로서 자동차의 월동준비에 없어서는 안될 소모품이다. 그래서 모든 사람들이 부동액의 중요성에 대해서는 잘 알고 있을 것이다. 그러나 부동액이 어떤 성분으로 되어 있고, 또 이 성분이 환경에 어떤 영향을 주는지에 대해서도 잘 알고 있을까?

사실 부동액에는 유독성분이 많이 함유되어 있다. 부동액의 주성분은 에틸렌글리콜과 물인데, 이것 자체가 매우 유독한 물질이다. 게다가 이 부동액이 차내에 있다가 배출될 때는 각종 금속 성분과 찌꺼기가 섞여 있어서 폐부동액이 하수구로 방류될 경우에는 하천이 크게 오염된다. 그럼에도 불구하고 최근까지 다 사용하거나 폐기되는 부동액의 대부분이 하수구로 방류되는 경우가 많았다.

한때 부동액에 의한 하천오염을 방지하기 위해서 다 쓴 부동액을 정제하여 다시 사용할 수 있는 정제기가 개발되기도 했는데 최근에는 사계절용 부동액이 선을 보이면서 그 필요성이 줄어들고 있다. 그동안은 동절기가 다가 오면 월동준비 차원에서 부동액을 새로 주입하느라고 냉각수를 뽑아내고 부동액을 주입시키고 봄이 되어 날짜가 풀리면 다시 부동액을 냉각수로 대체하곤 했었다. 날씨가 풀렸는데도 부동액을 냉각수로 교체하지 않으면 냉각효과가 저하되기 때문에 부동액은 교체해 주는 것이 원칙이었다.

그러나 사계절용 부동액은 비등방지제가 첨가되어 있어서 겨울철이 지났다 하더라도 냉각수로 다시 교체할 필요가 없다. 증발이나 자연감소분만 물로 보충하면 된다. 따라서 사계절용 부동액을 사용하면 부동액을 물과 교환하는 과정에서 유출되거나 또 뽑아낸 부동액을 제대로 처리하지 않으므로써 방류되는 불상사를 막을 수 있다.

아직도 사계절용 부동액을 사용하지 않는 운전자는 환경오염을 줄이기 위해 부동액을 바꿀 필요가 있다.

교체시에는 기존에 들어있는 부동액을 전량 회수할 수 있도록 준비물을 갖춰놓고 시작하는 것이 좋은데, 가급적 폐부동액 회수장치가 설치된 정비소를 찾는 것이 바람직하다. 냉각수가 자연 증발되면 보충해 주어야 하는데 이 때도 부동액의 비율을 유지하면서 주입해야 한다. 부동액을 보충할 때 흘러내리지 않도록 주의하고, 또 라디에이터의 냉각수가 넘치지 않도록 양을 잘 가늠해야 한다. 넘치는 냉각수의 절반이 곧 부동액이기 때문이다.

녹색 강령

1. 부동액을 주입하거나 차량을 정비할 때 부동액이 누출되지 않도록 주의한다.

2. 부동액은 사계절용을 사용한다.

3. 폐부동액이 무단 방류되는지 감시한다.

정책 제안

1. 부동액 공급업체로 하여금 폐부동액을 전량 회수하도록 한다.

2. 정비업소에 폐부동액 회수장치를 반드시 설치하도록 한다.

3. 무공해 부동액 개발 프로젝트를 지원한다.

4. 경정비업소에 대한 감독을 강화한다.

45. 에어컨은 공짜가 아니다

에어컨은 시속 40km 이상일 때, 차 내외의 온도차를 10도 이내로 유지하고, 한 시간에 두 번쯤 환기를 하면서 가동시킨다.

날이 더운 여름철에는 자동차 안에서 에어컨을 사용하게 된다. 우리는 아무 생각없이 에어컨을 켜서 더위를 식히지만 이것은 공짜가 아니다. 주행속도에 따라 다르긴 하지만 에어컨을 사용하면 평상시보다 연료소비량이 최대 20% 증가한다. 그리고 엔진에 부담을 주고 오염물질을 증가시키기도 한다. 따라서 웬만한 더위라면 창문을 열거나 통풍구를 이용해서 열기를 식히고 가능한 한 에어컨은 가동시키지 않는 것이 좋다.

어쩔 수 없이 에어컨을 사용해야 한다면 원칙을 정해 두는 것이 바람직하다. 우선, 에어컨은 시속 40km 이상일 때에만 가동시키자. 왜냐하면 자동차가 저속으로 달릴 때 에어컨을 가동시키면 자동차에 무리를 주고 연료소모도 커지기 때문이다.

둘째로, 에어컨을 계속해서 장시간 동안 사용하지 않도록 하자. 에어컨을 켠 채로 장시간 동안 운전을 하게 되면 두통이 오기도 하고 차 안에서 감기를 얻기도 한다. 물론 이런 원치 않은 결과에 연료를 고스란히 낭비하게 되는 것은 말할 나위도 없다. 그리고 차내 온도와 외기온도의 차이를 10도 이내로 유지하고 한 시간에 두 번 정도는 환기를 해주는 것이 바람직하다. 그렇다고 자동차 안에서 스웨터를 걸쳐야 할 정도로 온도를 낮출 필요는 없다.

셋째로, 10분 이내의 가까운 거리를 이동할 때는 에어컨을 켜지 않는다. 왜냐하면 이 경우는 에어컨이 별 효과를 발휘하지 못하기 때문이다. 에어컨이 덥혀진 차 안의 온도를 낮추려면 5분 이상 소요되기 때문에 실제로 에어컨의 효과를 볼 수 없다. 오히려 차 안의 공기가 뜨거운 상태라면 출발 후 몇 분간은 창문과 통풍구를 활짝 열고 주행하는 것이 더 시원할 것이다.

넷째로, 오존층을 파괴하는 프레온 가스를 잘 관리해야 한다. 냉매제인 프레온 가스는 작은 틈새만 있어도 모두 날아가 버리기 때문에 가스 누출이 예상되는 곳을 가스 보충 전에 미리 점검해야 한다. 그리고 프레온 가스를 재충전하거나 에어컨을 점검받을 때는 반드시 프레온 가스 회수장치가 설치되어 있는 정비소를 찾아 가도록 한다. 만일 이 장치를 설치하지 않은 정비소를 찾아 간다면 그 사람은 가스 값을 더 물어야 하고 또 하늘로 날아간 만큼 오존층 파괴에 일조했다는 죄책감을 지니고 다녀야 한다.

무심코 사용하는 자동차 에어컨, 이것은 환경문제와 직결되어 있다. 원칙을 잘 지켜 프레온 가스가 허공으로 날아가지 않도록 주의를 기울이자. 이러한 세심함이 한여름의 건강과 시원함을 가져다 줄 것이다.

녹색 강령

　1. 에어컨 사용 지침서를 붙여놓고 과도한 이용을 절제하도록 한다.

　2. 재충전시에는 프레온 가스를 주입하지 말고, 가급적 대체 물질을 사용한다.

　3. 자동차를 시원하게 보관하는 방법을 알아보고 실천한다. (예 : 주차 장소, 차창 일부개방 등)

녹색 강령

　1. 프레온 가스의 사용을 줄일 수 있도록 관련업계에 권장한다.

　2. 대체 물질을 저렴한 가격으로 공급하는 방안을 강구한다.

　3. 경제형 카에어컨 보급을 권장한다.

　4. 에어컨 사용에 따른 에너지 소모상식에 대한 홍보를 강화한다.

46. 자동차의 에어서플라이

에어클리너를 제대로 관리하지 않으면 연소실에 공기가 부족해서 자동차의 움직임을 둔하게 만든다.

요즘 우리 주변에는 비염이나 축농증으로 고생하는 사람이 많다. 이런 장애를 갖고 있는 이들은 평소에도 답답함을 느끼지만 운동을 하거나 뜀박질을 할 때 더욱 불편을 느끼게 된다. 여기서 축농증에 대해 언급하는 것은 예방법이나 치료법을 알려 주려는 것이 아니고 이런 호흡기 장애가 사람에게만 있는 것이 아니라 자동차에도 있다는 사실을 말하려는 의도에서이다.

자동차의 축농증, 이것은 우리의 코에 해당하는 공기 흡입구에 문제가 생겼음을 말한다. 사람의 코가 공기를 빨아들이면서 먼지나 이물질을 걸러주듯이 자동차도 연소에 필요한 공기를 깨끗이 걸러 주어야 한다. 공기청정기 안의 여과기는 바로 사람의 코와 같이 불순물을 걸러 주는 역할을 한다. 그런데 대부분의 사람들이 공기 여과기에 대해서 별 신경을 쓰지 않는 것 같다.

일반적으로 에어클리너는 3,000km 주행시마다 한 번씩 청소해 주고, 15,000 ~ 20,000km마다 교환해 주어야 한다. 운전자들 중에는 이런 사실을 몰라서 못하는 이도 있지만 보다 많은 이들이 이 사실을 알면서도 귀찮다는 이유로 방치하고 있는 것이다. 무지와 게으름 때문에 관리가 소홀하게 되면 결국 자동차는 축농증이 있는 사람처럼 공기를 충분히 빨아들일 수가 없다. 그까짓 공기 좀 부족하면 어떠냐는 반문을 하는 사람도 있겠지만 사실 이것은 무책임하기 이를 데 없는 생각이다. 왜냐하면 연료가 연소될 때 공기가 부족하면 불완전 연소가 일어나서 연료가 많이 소모될 뿐만 아니라 공기가 정상적으로 공급될 때보다 오염물질이 더 많이 발생되기 때문이다.

혹시 최근 몇 개월 동안 에어클리너를 점검하지 않았다면 오늘 한번 관찰해 보자. 그리고 비포장길을 달렸거나 도로환경이 불량한 곳을 운행한 경험이 있다면 주행거리가 미달된다 하더라도 미리 점검을 하기 바란다. 적은 돈으로 필터를 교환할 수 있고 필터의 청소는 웬만하면 무료로 해주기도 하니까 부담없이 오늘 한 번 점검해 보자.

코가 막히면 가만히 있어도 답답하다. 그 상태에서 뛴다는 것은 무척 어려운 일이다. 그런데 자동차는 대부분 주행을 하기 위해 공기를 필요로 한다. 그래서 자동차는 몹시 힘든 상황이 된다. 자동차의 축농증을 방치하면서 어떻게 자신의 자동차를 자기의 분신이나 애인이라는 말을 할 수가 있겠는가?

에어클리너를 관리하는 일, 이것은 연료절감이나 환경문제 개선에 필수적이라는 사실을 기억하고 당장 점검을 하자.

1. 에어클리너를 정기적으로 청소하고, 최소한 2만km 주행시 마다 교환해 주도록 한다.

2. 비포장길이나 도로환경이 불량한 곳을 주행한 후에는 반드시 에어클리너를 청소한다.

3. 주위의 초보 운전자에게 에어클리너 관리의 중요성에 대해 알려준다.

1. 정비업소를 대상으로 에어클리너의 중요성에 대해서 홍보한다.

2. 집진차량을 이용하여 주요도로의 먼지 청소를 강화한다.

3. 운전자를 대상으로 에어클리너 관리에 대한 교육을 강화한다.

47. 자동차의 심장, 점화 플러그

플러그가 제대로 작동되어야 연료도 절약하고 배기가스도 감소된다.

사람의 몸에서 가장 중요한 기관 중 하나를 꼽는다면 심장을 빼놓을 수 없을 것이다. 심장은 우리의 몸 구석구석까지 피를 공급하는 역할을 하는데 만일 이 기능이 원활치 못하면 우리는 제대로 활동할 수가 없다. 그래서 심장과 심장을 움직이는 주변 조직들은 우리 몸 속에서 매우 중요시되고 있다.

자동차도 마찬가지이다. 사람의 심장으로부터 에너지를 공급받듯이 자동차는 엔진으로부터 동력을 공급받는다. 그런데 자동차의 엔진은 사람의 심장과는 달리 실린더 안의 가솔린을 폭발시켜주는 점화장치가 필요하다. 특히 불꽃을 튀겨주는 점화플러그의 역할이 제일 중요하다고 할 수 있다.

그런데 이렇게 중요한 플러그에 대해서 우리는 아는 것이 별로 없다. 손가락 크기만한 이 플러그가 특히 에너지의 낭비나 환경오염과 깊은 관련이 있다는 사실에 대해서는 더욱 그러한 것 같다.

대개 우리나라에서 생산되는 중소형 자동차는 실린더가 4개 달린 4기통 엔진이고 그래서 플러그도 4개가 달려있다. 대부분 이 정도는 알고 있을 듯한데 실상은 그렇질 못하다. 카센타의 한 정비사는 아직도 플러그에 대해서 이의를 제기하는 사람이 많다는 얘기를 한 적이 있다. 그의 고객들 중에는 왜 플러그를 교체하느냐? 플러그를 네 개씩이나 바꾸느냐? 심지어는 그렇게 작은 것은 빼내고 다녀도 되지 않느냐? 라는 질문을 하는 사람도 있다는 것이었다.

자동차가 좋아지고 정비여건이 좋아져서 누구나 차를 몰고 다닐 수 있다고는 하지만 이제는 좀 달라져야 하겠다는 생각이 든다. 이제는 자동차에 대한 초점이 차가 잘 굴러가는 데 있는 것이 아니라 사람에게 어떻게 편리함을 더 줄 수 있고 또 사람에게 주는 피해를 최소 한도로 줄이느냐에 집중되기 때문이다.

만일 플러그가 제대로 불꽃을 튀겨주지 못한다는 연료가 낭비되고 배기가스의 양이 증가되는데 이것은 플러그의 중요성을 테스트한 실험에서 그대로 나타났다. 실험 결과 시속 $80 \sim 90km$에서 8기통 엔진의 플러그 한 개가 점화되지 않는다면 연비가 7% 감소되는 것으로 나타났다. 동일한 속도에서 2개의 플러그가 작동되지 않는다면 연비는 한 개가 불발인 경우의 2배 감소되는 것이 아니라 거의 3배에 가까운 20%나 감소되는 것으로 나타났다. 제대로 연소되지 않은 가스가 그대로 방출된 것이다.

그런데 이러한 실험을 4기통의 소형차로 실행했을 때 연비감소가 더욱 두드러지게 나타났다.

혹시 운전하고 있는 자동차가 시동이 잘 안 걸리거나, 엔진이 떤다거나, 가속이 잘 안되거나, 기준보다 연비가 낮다면 오늘 당장 플러그를 점검해 보자. 플러그에 대한 관심이 없다는 것은 자신의 차를 사랑하지 않는 것과 같다. 동시에 이 땅과 자연에 대해서도 애정이 없는 무책임한 사람으로 간주될 것이다.

<table>
<tr><td colspan="2" align="center">녹색 강령</td></tr>
<tr><td>1.</td><td>최소한 일년에 한 번씩은 플러그를 점검해 본다.</td></tr>
<tr><td>2.</td><td>플러그와 환경의 관계를 숙지한다.</td></tr>
</table>

<table>
<tr><td colspan="2" align="center">정책 제안</td></tr>
<tr><td>1.</td><td>플러그의 중요성에 대해 정비업소에 홍보하고 자동차 점검시 운전자에게 홍보하도록 한다.</td></tr>
<tr><td>2.</td><td>차종별, 배기량별로 플러그의 이상징후를 정리해서 운전자에게 배포한다.</td></tr>
</table>

48. 자동차도 다이어트를 해야 한다

무거운 짐 때문에 움직임이 둔하다면, 자동차는 그만큼 연료소모량과 오염배출량이 증가된다.

비만이라는 현대병으로 인해 다이어트를 하는 사람이 많다. 거의 필사적인 다이어트로 고생 아닌 고생을 하게 되는 경우가 허다하다. 이렇게 다이어트를 하는 이유는 살을 빼서 체형미를 가꾸려는 것과, 군살을 뺌으로써 신체를 유연하게 유지시키는 데 있다. 몸이 가벼우면 움직임이 편하고 편한 만큼 힘도 적게 들기 때문이다.

인간의 이와 같은 원리는 바로 자동차에도 그대로 적용된다. 자동차에 사람을 많이 태우거나 짐을 많이 싣게 되면 움직임이 둔해진다. 그래서 차에다 사람을 태우거나 물건을 실을 때, 또는 다른 차를 견인할 때에는 자동차가 감당해낼 수 있는 한도를 알아야 한다. 만일 자동차의 적재능력을 초과해서 짐을 싣는다면 힘이 더 드는 만큼 연료가 더 소모될 뿐 아니라 촉매장치에도 무리가 생겨서 수명이 단축되고 오염 배출물도 늘어난다. 사람을 안 태우고 짐을 안 싣는 것이 가장 좋은 방법이긴 하지만 현실적으로 사람을 태우지 않거나 짐을 싣지 않을 수는 없다. 결국 규정된 적재량을 넘지 않도록 주의하는 것이 최선의 방법이다.

　그런데, 정작 문제는 필요한 짐을 싣는 데 있는 것이 아니라 불필요한 적재물 때문에 자동차의 무게가 불어나는 데 있다.공항 검문소에서 일년간 근무한 경험이 있는 한 경찰관은 “차의 트렁크 안에 그렇게 다양한 물건들이 있으리라고는 생각을 못했다”고 얘기한 적이 있다. 그 경관의 말에 의하면 트렁크에 배낭, 낚시도구, 등산장비, 책 보따리, 스노우 타이어, 체인, 물통, 심지어는 스킨 스쿠버 장비까지 실려 있었다고 한다. 그는 그 물건들 때문에 검문하느라고 시간도 많이 뺏기고 힘도 더 들었다고 푸념을 늘어 놓았다.

　물론 이런 물건들 중에는 계절용품이기 때문에 상시 휴대해야 하는 것도 있지만, 배낭이나 낚시도구 같은 레저장비는 막상 산이나 강으로 떠날 때 필요한 것이고 스노우 타이어나 체인은 겨울철에만 필요한 품목이다. 이러한 물건들이 늘 트렁크에 실려 있는 이유는 대개 장비를 사용한 후에 바로 정리하지 않고 그냥 방치한 경우가 대부분이다.

　우리가 무심코 싣고 다니는 이 짐들은 자동차의 몸무게를 불게 하고 움직임을 둔하게 만드는 요인이 된다.그리고 움직임이 둔한 만큼 연료를 더 소모하고 오염 매출량을 증가시킨다.

　조사결과에 따르면 자동차의 무게가 45kg 늘어날 때마다 연료 효율은 1%씩 감소하는 것으로 나타났다. 다시 말하면 불필요한 짐을 45kg 싣게 되면 승용차로 400m를 달릴 수 있는 연료를 낭비하고 그 만큼 배기가스도 더 내뿜게 된다. 비만인 사람에게 다이어트가 필요하듯 자동차도 다이어트를 해야 한다. 점심시간이나 퇴근길

에 트렁크를 열어보고 불필요한 짐들이 들어 있다면 빠른 시일 내
에 짐들을 정리하도록 해야겠다.

녹색 강령

1. 자주 사용하지 않는 물건을 자동차 안에 두지 않는 습관을 갖는다.

2. 게으름은 자동차를 무겁게 하므로 수시로 자동차의 적재물을 점검한다.

3. 자동차 세차시 짐을 함께 점검한다.

정책 제안

1. 불필요한 짐을 싣고 다니지 않도록 홍보를 강화한다.

2. 적재물이 주는 손실비용을 알려줘서 사전에 짐 정리를 하도록 한다.

3. 계절이 바뀔 때마다 자동차의 중량을 점검하도록 언론 홍보를 실시한다.

49. 녹색 타이어를 사용하자

래디얼 타이어는 바이어스 타이어에 비해 안전성과 내구성면에서 성능이 월등하고 연비도 10% 이상 높다.

우리나라에서 한 해 동안 버려지는 폐타이어가 800만 개를 넘고 있다. 지구촌 전체로 보면 이 규모는 8억 개가 넘는 엄청난 것이다. 실로 대단한 규모가 아닐 수 없다. 최근 들어서 지구촌 곳곳에 폐타이어가 산더미처럼 불어나자 이에 대한 처리문제가 사회문제로 대두되기에 이르렀는데, 특히 타이어의 수명을 늘이고 폐기물을 줄이는 문제에 관심이 집중되고 있다. 이제 타이어는 단순한 자동차의 부품이 아니라 지구의 자원보존과 공해방지 차원에서 주목받는 환경부품으로 변해 있다.

그런데 타이어로 인한 환경문제가 심각한 상황이긴 하지만 문제의 상당부분이 시민들의 관심과 노력으로 해결될 수 있다. 시민들 스스로 타이어에 의한 환경오염을 줄여나가기 위해서는 타이어의 선택 단계에서부터 신중한 행동을 해야 한다. 다시 말해서 어떤 타이어를 선택하느냐에 따라서 오염의 정도가 달라질 수 있기 때문에 매우 중요한 사항이다.

그렇다면 타이어를 올바로 선택한다는 것은 과연 무엇을 말하는 것일까? 바로 환경오염을 덜 일으키는 래디얼 타이어를 선택하는 것을 의미한다. 래디얼 타이어는 바이어스 타이어에 비해 소음이나 승차감은 다소 떨어지지만 안전성과 내구성면에서 성능이 월등하며 연비도 10% 이상 높다. 그래서 아직까지는 래디얼 타이어가 가장 환경적인 타이어다. 만일 주위에 바이어스 타이어를 고집하는 사람이 있다면 서둘러서 교체하도록 권고하자.

그 다음으로 우리가 해야할 일은 자동차 타이어의 공기압을 적정상태로 유지시키는 것이다. 현재 지구상에는 약 25억 개의 타이어가 사용되고 있다. 그런데 미국의 대기보전국에서는 현재 사용되고 있는 타이어의 70%가 공기압이 정상보다 낮게 되어있는 것으로 추정된다고 밝혔다. 이처럼 공기의 규정압력이 규정 이하로 떨어지게 되면 타이어 바닥이 끌리게 되어서 연료효율이 떨어지고 분진발생도 늘어난다. 타이어의 바람이 빠지면 회전저항이 증가되고 연료효율이 5%나 저하되는데, 지구촌에서 이렇게 낭비되는 휘발유가 일년에 약 200억 리터에 달한다.

또 한 가지 잊지 말아야 할 것은 타이어의 균형과 바퀴의 각도를 바로 잡는 일이다. 타이어의 균형이 맞지 않으면 자동차의 무게가 골고루 실리지 않아 차체가 진동하고 연비도 저하된다. 바퀴의 각도도 문제를 일으키기는 마찬가지이다. 바퀴가 0.5도 기울어지면 그 자동차는 100km를 주행하는 데 약 8km는 그냥 끌려간 것이나 다름없다. 운전 중에 핸들의 중심이 잡히지 않는다고 생각되면 일단 바퀴와 타이어부터 서둘러 점검해야 한다.

오늘 시간을 내어 자동차의 타이어를 한 번 살펴보자. 바람이 빠졌거나 한쪽 방향으로 편마모가 일어났는지 확인해 보자. 만일 이런 징후가 발견된다면 바로 정비소에 들러서 공기도 보충하고 타이어를 바로 잡아야 한다. 이런 한 번의 수고가 지구를 덜 녹슬게 하는 것이다.

녹색 강령

1. 래디얼 타이어를 선택하자.

2. 타이어의 균형과 바퀴의 각도를 점검하고, 수시로 공기압을 확인한다.

3. 타이어를 확인하고 차에 오르는 습관을 갖는다.

정책 제안

1. 타이어에 대한 환경영향을 고려하여 등급을 정한다.

2. 타이어의 재활용 방안에 대한 연구사업을 지원한다.

3. 타이어 제조회사로 하여금 환경을 고려한 타이어를 제조하도록 권장한다.

4. 고속도로 등 주요도로에 공기압 보충 장소를 확대 설치한다.

50. 폐윤활유는 식수를 오염시킨다

폐윤활유에는 여러 가지 독소가 함유되어 있어서 반드시 수거되어야 한다.

우리는 과연 엔진오일에 대해여 얼마나 알고 있는 것일까? 자동차를 새로 구입하면 1,000km를 주행한 후에 한 번 교환해 주고 그 이후로는 일정 간격으로 교환하는 것, 대충 이 정도로 알고 있을 것이다. 또 조금씩 차이는 있지만 자동차 회사에서 제공한 지침서나 자동차 정비책자를 보면 3개월 마다 혹은 매 5,000km 주행시마다 엔진오일을 교환하라고 되어 있다. 그러나 우리가 여기서 한 가지 주목할 사실이 있다. 자동차 사용 안내서나 정비관련 서적에는 아무리 눈을 크게 뜨고 찾아보아도 다 사용한 폐윤활유를 어떻게 처리해야 하는지에 대한 언급이 없다는 점이 바로 그것이다.

물론 우리나라에서는 엔진오일을 카센터나 주유소 같은 경정비업소에서 교환하고 있기 때문에 그동안 관심을 쏟지 않아도 별 문제가 없었다. 그러나 일부이긴 하지만 개인적으로 엔진오일을 교환하는 사람들이 분명 있다. 이렇게 개인적으로 교환하는 경우에는 폐윤활유가 제대로 처리되지 않고, 대부분은 하수구로 그냥 버려지고 있다. 쓰레기통이나 공터에 버려진 폐유도 결국 빗물과 함께 하천으로 흘러들어 간다.

우리가 폐윤활유에 별 관심을 갖지 않았기 때문에 정비업소에서 수거한 폐유가 어떻게 처리되고 있는지 알 수 없었다. 따라서 명목적으로는 별도로 수거해서 처리되는 줄 알았던 것이 상당량 하천으로 흘러 들어갔다.

그렇다면 하천으로 흘러 들어가는 폐윤활유는 어떤 성분을 갖는가? 우리는 이것에 대해 알 필요가 있다. 왜냐하면 못쓰게 된 윤활유는 환경에 치명적인 피해를 주는 독성이 강한 폐유이기 때문이다. 윤활유는 엔진의 내부를 도는 동안 여러가지 독소들을 함유하게 되는데 이 때부터 엔진오일은 단순한 기름이 아니다. 엔진오일에는 특히 유독한 중금속인 비소, 벤젠, 납 등이 포함되어 있어서 이것이 식수원에 침투될 경우는 인체에 치명적인 영향을 주게 되는 것이다.

폐윤활유는 땅에 쏟아 부으면 바로 지하수로 유입되어 식수원을 오염시키는데, 폐윤활유 1리터는 100만 리터의 식수를 오염시킬 수 있다. 만일 하수구에 오일을 버린다면 그것은 하천이나 강에 직접 기름을 붓는 것과 마찬가지이다. 폐유 450그램은 강이나 호수 위에서 직경 1,200평 넓이로 유독성 기름을 퍼뜨린다. 쓰레기통에 버려도 결과는 마찬가지이다.

따라서 엔진오일을 교환할 때 폐유의 수거가 완전치 못하다면 집에서 교환하지 말고 반드시 정비업소에 가서 교환해야 한다. 그리고 카센터에가서 교환할 때도 그들이 제대로 폐유를 수거하고 있는지 관찰하도록 하자. 왜냐하면 그들이 고의로 흘리거나 부주의로 흘린 기름 한 방울이 서민 한 사람이 일년 동안 마실 물을 오염시킬 수 있기 때문이다.

엔진오일이 식수원을 오염시킨다는 사실을 명심하고 스스로 주의하고 관찰해야 하겠다.

녹색 강령

1. 엔진오일은 가급적 집에서 교환하지 않는다.
2. 카센터에서 폐유가 제대로 수거되는지 확인한다.
3. 폐유를 무단 방류하는 업소는 환경당국에 고발한다.

정책 제안

1. 정비업소에서 폐유수거 장비를 의무적으로 설치하도록 하고 수거시스템을 구축한다.
2. 각 정비업소에 대해서 폐유방류 행위를 수시로 감시한다.
3. 엔진오일 제조회사가 폐유를 제대로 회수하고 있는지 점검을 강화한다.
4. 건설 현장에서 방류되는 중장비의 폐유에 대한 감독을 강화한다.

부록

1

교통문화를 좀먹는 10가지 착각

1. 내가 차를 사면 생활필수품이고, 다른 사람이 사면 사치품이다.

2. 내가 중형차를 몰면 수준에 맞는 것이고, 다른 사람이 중형차를 몰면 불필요한 과소비다.

3. 내가 차를 가지고 시내에 들어오면 업무상 불가피한 것이고, 다른 사람이 차를 갖고 들어오면 체증을 유발하는 불필요한 행동이다.

4. 내가 끼어들기를 하면 차선 변경상 불가피한 것이고, 다른 사람이 끼어들면 얌체운전을 하는 것이다.

5. 내가 과속을 하면 운전솜씨가 좋은 것이고, 다른 사람이 과속을 하면 난폭운전을 하는 것이다.

6. 내가 앞차를 추돌하면 앞차의 급정거가 사고 원인이고, 다른 사람이 내 차를 추돌하면 안전거리 미확보가 사고 원인이다.

7. 내가 사고를 당하면 교통전쟁의 희생자고, 다른 사람이 당하면 교통문맹으로 인한 낙오자다.

8. 내가 불법 주차하면 주차장이 부족해서 그런 것이고, 다른 사람이 불법 주차를 하면 준법정신이 희박한 것이다.

9. 내가 단속을 당하면 억세게 재수없는 것이고, 다른 사람이 단속을 당하면 지극히 당연한 것이다.

10. 내가 세차를 하면 도시미관을 밝게 하는 것이고, 다른 사람이 세차를 하면
개인의 편의를 위해 환경을 오염시키는 것이다.

교통위기를 극복하는 10가지 지혜

1. 대중교통을 이용하자

출근이나 일상의 업무통행은 승용차보다는 가급적 대중교통을 이용함으로써 도로상의 차량수를 줄여나간다. 매일 승용차를 세워 놓을 수 없다면 일주일에 한 번이나 한달에 한 번 세우는 일부터 실천하도록 한다. 도로를 공유하는 입장에서 승용차 대신 버스를 이용한다면 도로의 소통 상태가 훨씬 개선될 수 있다.

2. 시차제 출퇴근을 하자

이제 러시아워가 따로 없다고 하지만 그래도 체증 정도는 시간에 따라 차이가 있다.

출근과 퇴근 시간을 한두 시간 앞당기거나 뒤로 물리면 조금은 다니기가 수월하다. 시차제 통행을 하면 자신에게도 좋지만 전체적으로 통행이 분산되는 효과가 있어서 큰 도움이 되는데, 이 시차제 통행은 시간제약이 적은 자유직업자나 자영업자들이 쉽게 선택할 수 있다. 일반 직장인의 경우는 회사에 시차제 출퇴근을 적극 건의해서 실천할 수도 있다.

3. 방송의 교통정보를 활용하자

교통상황은 시시각각으로 변한다. 리얼타임으로 제공되는 교통정보를 잘 듣고 덜 붐비는 곳으로 피해간다면 운전자는 시간을 절약할 수 있다. 교통정보를 잘 활용하는 운전자가 교통전쟁의 승자가 될 수 있는 것이다.

정보화시대에 교통정보를 잘 활용하는 일, 이것은 교통전쟁하에서 개인에게 승리의 영광을 가져다 주고 사회적으로는 교통평화를 구가하게 하는 유익한 행위이다. 한마디로 좁은 길을 넓게 쓰는 지혜인 것이다.

4. 팩시밀리나 전화로 통행을 대체하자

교통이 혼잡할 때는 불과 2~3km를 움직이는데도 1시간이 소요된다. 그러나 통신수단을 이용한다면 20~30km를 움직이는 데 1분도 안 걸린다. 전화나 팩시밀리로 대체할 수 있는 업무는 직접 방문해서 처리하기 보다는 통신수단을 적극 활용하는 것이 바람직하다.

5. 한강은 지하철로 건너자

성수대교 붕괴로 한강 교량의 총용량이 감소했기 때문에 대부분의 교량은 현재 병목구간화되어 있다. 따라서 한강을 건널 때는 용량감소의 영향이 적은 지하철을 이용하는 것이 좋다.

승용차 대신 지하철로 한강을 건넌다면 시간도 절약하고 통행비도 절약할 수 있는 장점이 있을 뿐만 아니라 교량의 통행량 감소에도 기여하므로 일석이조의 효과가 있다.

6. 계획을 세워서 통행횟수를 줄이자

도로를 지나는 사람을 붙잡고 물어보면 모두 통행의 이유를 갖고 있다. 그러나 통행계획을 세워서 도로에 나온다면 많은 통행을 줄일 수 있다.

백화점과 우체국을 찾는 일은 하나의 통행으로 묶을 수 있고, 은행거래와 사람을 만나는 일도 하나로 묶을 수 있다. 일주일에 한 사람이 한 통행만 줄인다고 해도 통행감소 효과는 크게 나타날 것이다.

7. 차량이동 거리를 줄이자

용무를 볼 때 불가피하게 차를 이용할 경우가 많다. 그러나 이 때 차량을 이용하면서도 우리가 고정관념만 바꾸면 도로에서 차량수를 줄일 수 있다.

우리 생활 속에는 '물건은 단골가게에서' '예배는 큰 교회나 다니던 교회에서' '생필품도 인근 상가보다는 백화점에서'라는 고정관념들이 깊이 배어 있다. 이런 사고방식은 필요 이상으로 통행거리를 증가시킨다. 큰 문제가 없다면 편익시설이나 종교시설 등은 가급적 가까운 곳에 있는 것을 우선적으로 이용하는 것이 바람직하다.

8. 승용차를 함께 타자

지하철이나 버스 노선이 없는 경우나 업무상 통행이 많은 사람은 승용차를 이용할 수밖에 없다. 그러나 부득이하게 승용차를 이용하더라도 우리는 좁은 도로에 차를 몰고 나온 죄값은 치러야 한다. 다른 사람에게 피해를 준 만큼 면죄부를 살 필요가 있다. 그렇다고 정부가 면죄부를 팔지는 않는다. 면죄부는 운전자의 노력으로만 살 수 있다. 같은 방향으로 가는 사람들을 태워 주는 승용차 함께 타기. 이것은 충분히 면죄가 될 수 있다.

9. 실크로드(우회도로)를 개척하자.

운전에 경험이 많은 사람들은 대체로 약속시간을 잘 지킨다. 막힐 것을 대비해서 미리 움직이기도 하지만 이들은 남들이 모르는 길을 잘 알고 있다. 이른바 자신만의 실크로드를 개발해 놓았기 때문이다.

평소에 지도를 보고 분석해 보거나 경험이 많은 노련한 운전자들로부터 길 안내를 받고 자신만의 루트를 개발한다면 운전자는 많은 시간을 절약할 수 있다.

10. 교통질서를 지키자.

성수대교 붕괴와 같은 대형사고가 일어나면 이 여파로 시 전체가 교통 충격의 영향을 받는다. 그래서 당분간은 끼어들기나 급차선 변경이 많을 것으로 보인다. 최근 들어서 유난히 접촉사고가 많은 것은 바로 충격의 후유증 탓이다. 체증 구간에서 날린 시간 손실을 난폭운전으로 보상받으려는 의식이 팽배해 있기 때문이다.

그러나 이것은 결코 신속한 이동에 도움이 안 된다. 남의 떡이 커보이듯 옆 차선이 유독 빨라 보일 뿐이다. 얌체 운전과 난폭 운전으로 차선을 이리저리 바꿔도 체증구간에서는 결코 빨리 갈 수 없다. 물흐르듯 차량의 흐름을 따라 질서있게 움직이는 것이 전체의 소통을 원활하게 해준다. 전체의 흐름이 좋다면 결국 자신도 빨리 갈 수 있다는 사실을 명심해야 한다.

성수대교 붕괴로 인해서 서울시 전체의 교통체계가 영향을 받고 있다. 그러나 단기적으로 정부나 서울시가 이 문제를 해결할 방법은 없다. 교량을 복구하는 문제도 그렇고 도로나 교통시설을 증설하는 것도 짧은 시간에 할 수 있는 일이 아니다.

이런 교통대란을 극복하기 위해서는 그 무엇보다도 시민들의 자발적인 참여가 필요하다. 사고가 일어난 이후에도 서울시의 나홀로 차량 비율이 줄지 않고 있는 것은 교통난을 줄이기 위한 시민의 참여가 미비하다는 점을 반증해 준다.

40년 전 미국 뉴욕에서 정전사고가 일어나서 전철이 운행을 중단했을 때 시민들의 자발적인 카풀운동이 큰 몫을 했었고, 60~70년대 독일에서 지하철의 운행이 중단됐을 때 레드포인트 무브먼트라는 카풀운동으로 교통위기를 극복했던 교훈을 우리는 상기할 필요가 있다.

이제 서울은 교통위기를 맞고 있다. 당국이 해야 할 일도 있지만 교통위기를 극복하기 위해서는 이제 통행의 주체인 시민들이 나설 수밖에 없다. 가급적 불필요한 통행을 자제하고, 승용차보다는 버스나 지하철을 이용하고, 부득이하게 승용차를 이용할 때는 같은 방향으로 갈 사람들을 태워주는 노력이 필요하다.

오늘의 교통상황이 이렇게 복잡하게 된 데는 시민들도 절반의 책임을 갖고 있다. 어려운 상황을 남의 탓으로 돌리지만 말고 이제 현실을 겸허하게 받아들일 필요가 있다. 시민들 스스로가 책임의식

을 갖고 길을 나선다면 도로의 소통이 훨씬 수월해질 수 있을 것으
로 본다.

—1994. 11—

범죄방어 운전요령 10계

자존파 살인사건에서 볼 수 있듯이 자동차를 이용한 범죄가 급격히 늘고 있다. 자동차시대가 진전되면서 자동차로 인한 편리한 점도 많지만 역기능도 많이 발생되고 있는 것이다. 자동차를 이용한 범죄는 범인들이 자동차를 이용하거나 자동차를 대상으로 범죄행각을 일으키는 것으로 구분할 수 있다.

자동차를 이용한 범죄 유형에는 첫째, 고의로 사고를 유발해서 피해차량을 대상으로 범행을 저지르는 경우 둘째, 지방도나 인적이 드문 변두리도로에 잠복했다가 게릴라식으로 접근하는 경우 셋째, 고장난 차량에 접근해서 범행하는 경우 넷째, 물좋은 차량을 뒤쫓아 범행하는 미행의 경우 등이 있으며 이외에 고의로 차에 친 것처럼 위장해서 위자료 등을 청구하는 자해공갈단 사례가 있다.

자동차와 관련된 범죄에 대비하기 위해서는 사전에 범죄를 예방할 수 있는 방어운전이 필요한데, 10가지 방어운전 수칙은 다음과 같다.

1. 분수에 맞지 않게 대형승용차를 타지 않는다.
2. 주행중 운전자는 과도한 몸치장을 하지 않는다.
3. 자체 신변보호를 위해 문을 잠그고 운행한다.

4. 취약지역 운행이 잦은 사람은 호신장비를 휴대한다. (가스총,
휴대전화 등)

5. 여성과 노인 등 노약자는 심야 단독운행을 피한다.

6. 운행전에 통행계획을 세워서 취약지역 운행을 금한다.

7. 인적이 드문 곳에서 접촉사고가 일어났을 경우는 차에서 내리
지 않는다.

8. 평소에 자동차정비를 철저히 하여 고장으로 취약지에 고립되는
것을 방지한다.

9. 음주운전 등 비정상적인 운전을 하지 않는다.

10. 미행당하거나 쫓길 경우에는 실내등과 비상등을 켜서 위급한
상황을 경찰이나 주변 차량에게 알린다. (사회적 약속 필요)

—1994. 10—

교통체증 부추기는 10가지 운전악습

1. 상습적인 끼어들기

교량, 터널, 고가도로, 그리고 고속도로 등으로 진입하기 위해서는 적지 않은 시간을 기다려야 한다. 기다리는 시간이 적게는 10분 이내인 경우도 있지만 곳에 따라서는 30분 이상을 기다려야 하는 경우도 있어서 상습적으로 끼어드는 차량이 많다. 양심을 버리고 일단 끼어들면 5분 내에 병목구간을 통과할 수 있기 때문이다.

그러나 상습적으로 끼어든 사람이 얻는 시간편익은 곧 수많은 다른 운전자들의 시간손실로 이어진다.

불법으로 끼어들면 많은 차량들이 불필요한 정지를 해야 한다. 그러므로 사회적으로는 끼어든 운전자 개인이 얻은 편익의 수백 배에 해당하는 시간을 손실하게 된다.

2. 정비불량으로 인한 고장차량

비상등을 켜고 도로에 서 있는 차들은 대부분 정비불량으로 잔고장을 일으킨 차량들이다. 고장의 원인은 대개 휴즈가 끊어지고, 연료가 바닥나고, 밧데리가 방전되는 일 등이다. 고장난 차의 입장에서는 30분 정도 불편을 겪은 것으로 넘겨버릴지 모르지만, 사회적

으로는 도로의 1개 차선이 폐쇄된 것이나 다름없는 손실을 보게 된
다. 일반적으로 출퇴근 시간의 고장차는 최소한 5천대 이상의 다른
차량에게 영향을 준다는 사실을 기억해야 할 것이다.

겨울철 눈길에 체인을 감지 않거나 스노 타이어를 달지 않아서
고갯길에서 동반 체증을 유발하는 것도 같은 맥락에서 이해할 수
있다.

3. 난폭운전에 따른 교통사고

도로 위의 난폭운전은 크고 작은 교통사고를 유발하는데, 교통
사고가 일단 발생하면 교통의 흐름에 큰 지장을 준다. 차선을 잠식
할 뿐만 아니라 이를 구경하는 차량들 때문에 진행방향은 물론이
고, 반대방향의 도로까지도 정체가 발생한다. 사고가 발생되어 처리
되기까지는 최소한 1시간 이상이 소요되기 때문에 간단한 교통사고
로도 사회적으로 큰 손실이 발생한다.

일례로, 며칠 전 올림픽대로에서는 유조차가 반포지하차도의
기둥을 들이받은 사건이 있었는데 이 사건은 서울 시내 전역에 큰
영향을 주었다. 지하차도의 기둥보수와 차량 수리비의 몇 백 배가
넘는 손실이 도로에서 그리고 직장에서 발생했다.

4. 잦은 차선 변경

남의 떡이 커보이는 사람은 남의 차선이 빨라 보이게 마련이
다. 그래서 1백m 정도 주행하면서도 서너번씩 차선을 변경하는 사
람도 있다. 차선을 변경하기 위해서는 불가피하게 두 개 차선의 교
통흐름에 방해를 준다. 그 차로 인해 진행하는 차선과 변경할 차선

의 흐름이 주춤해지면서 교통흐름이 둔해지게 마련이다.

5. 미숙한 교차로 통행

교차로에 신호등이 설치되지 않았거나 신호등이 고장난 경우, 교차로는 여지없이 마비가 된다. 교차로의 통행요령을 모르거나 양보하지 않기 때문이다.

그러나 신호등이 정상적으로 작동되는 곳에서도 차들이 엉켜있는 경우가 많다. 교차로를 통과할 수 없는데도 전방의 교통상황을 무시한 채 녹색신호만 보고 교차로에 진입하기 때문이다. 이렇게 엉킨 교차로가 다시 정상적으로 소통되기까지는 두세 시간은 족히 걸린다. 그것도 경찰이 수신호로 통제하지 않으면 체증은 더 연장된다.

이런 이유 외에도 교차로의 소통을 방해하는 것이 또 있다. 그것은 교차로의 소통상태가 정상인데도 지나치게 서행하는 운전태도이다. 외국 생활을 오래 경험한 사람들은 우리의 교차로 소통상태를 보면서 너무 답답하다는 표현을 한다. 같은 시간 동안 통과하는 차량수를 보면 미국이나 유럽의 2/3내지는 절반 정도밖에 되지 않는다. 제한된 시간 내에 통과해야 되는 교차로에서는 안전에 지장이 없는 선에서 신속한 이동이 필요하다.

6. 목을 죄는 얌체 주정차

도로 조건이 양호한 곳에서 교통 흐름이 방해를 받게 된다면 그 방해 요인은 자동차에서 비롯된다. 특히 교통의 흐름이 둔한 장소에 주정차해 놓은 차량들은 교통소통에 치명적인 영향을 준다. 예를 들어 교차로 주변, 진입램프, 공사구간, 커브구간, 버스정류장

부근 등은 교통의 흐름이 둔한 취약지점에 해당되는데, 이곳에 차를 세워두면 해당지점 주변은 극심한 정체를 겪게 된다. 이것은 마치 급소를 타격해서 사람에게 치명적인 손상을 주는 것과 같다.

신문을 사기 위해 차를 세우는 자가용, 손님을 태우기 위해 멈춰 선 택시, 짐을 내리기 위해 서 있는 용달차도 교통의 흐름을 고려해서 차를 세워야 한다.

7. 과도한 차선점유

차선은 점선과 점선으로 표시된 사이의 공간을 의미한다. 그런데 일부 운전자들은 이 차선의 개념을 이해하지 못한 탓인지 두 개의 차선을 점유한 채 운행하곤 한다. 차선의 개념을 모른다기 보다는 자신만이 편하게 가야 하고 다른 차량이 자신을 추월하는 것을 용납하지 않겠다는 태도 때문이다. 운전자의 욕심이 그대로 도로 위에 반영되고 있는 것이다.

도로가 넓지 않은 상황에서 두 개의 차선을 점유하면 도로의 소통 상태는 불을 보듯 뻔한 일이다.

8. 산만한 운전 태도

운전자는 주행중에 운전하는 일에 열중해야 한다. 그러나 일부 운전자들은 주행중에 다른 차의 운전자와 말을 건네거나, 주변의 운전자와 행인을 살피는 일에 열중하기도 한다. 운전중에 카폰을 사용하고, 신문을 보고, 음식을 섭취하기도 한다.

주위가 산만한 만큼 차량은 주춤주춤 제대로 움직이지 않고 경우에 따라서는 정차해야 한다. 운전자의 운전 태도가 좋지 못하면 그만큼 교통의 흐름에 방해가 된다.

9. 이유없는 저속주행

도로상에서 과속운전을 하는 행위도 추방해야 할 운전습관이지만, 이유없이 간선도로에서 시속 20~30㎞ 정도의 저속으로 주행하는 것도 추방해야 할 운전태도다.

운전자들 중에는 무료함을 달래기 위해서 차를 몰고 일과시간에 시내도로를 주행하는 경우도 있고, 운전이 미숙한 상태에서 무작정 차를 몰고 시내로 나오는 경우도 있다. 자신은 급할 것이 없기 때문에 한가롭게 운전을 한다고 하지만 다른 차량들은 사정이 좀 다르다.

아무리 시간이 남는다 하더라도 도로에서는 교통의 흐름을 유지시킬 수 있도록 기본 속도를 유지해야 한다.

10. 도로상 시비

법과 원칙보다 편법이 우선한다는 것을 빗대서 목소리 큰사람이 이긴다는 말을 한다. 특히 시비가 많이 일어나는 도로에서는 이런 말이 잘 적용된다. 그런데 도로 위의 시비는 당사자간의 승패로 끝나는 것이 아니라 그 시비로 야기되는 교통체증에 그 심각성이 있다.

서울시에서 하루에 발생하는 노상시비는 5백건이 넘는다고 한다. 이 시비로 인해 발생되는 체증은 이루 헤아릴 수 없을 정도로 큰 손실을 가져온다.

시비붙은 당사자들의 목소리가 커지면 커질수록 도로의 정체시

간은 길어지고 정체시간이 길어지면 그만큼 사회적 손실비용이 커
진다는 사실을 주지할 필요가 있다.

—1994. 12—

난폭 운전자 체크리스트

1. 차선을 변경할 때, 다른 차량이 급정거하는 경우가 많다.
2. 내차에 탄 동승자들은 자주 손잡이를 잡곤 한다.
3. 횡단보도 앞에 정지할 때 정지선을 지나칠 때가 많다.
4. 주행속도에 관계없이 무조건 1차선으로 달리는 경우가 많다. 5. 차가 밀릴 때는 옆차선으로 진입하여 끼어들 때가 많다.
6. 차량이 한산한 도로에서는 대개 주행속도가 100㎞/h를 넘는다.
7. 야간에는 장소에 관계없이 상향등이나 안개등을 켜고 다닌다.
8. 정체중이거나 다른 차가 끼어들 때 습관적으로 경적을 울린다.
9. 이중주차를 하더라도 가급적 보조브레이크를 풀지 않는다.
10. 경고장을 포함해서 한 해에 발부받는 교통위반 스티커가 3장을 넘는다.

운전자 분류 기준

<pre>
┌────────────────────────────────────┐
│ 0개~2개 ──────→ 모범운전자   │
│ 3개~5개 ──────→ 보통운전자   │
│ 6개~8개 ──────→ 난폭운전자   │
│ 9개~10개 ─────→ 악질운전자   │
└────────────────────────────────────┘
</pre>

—1994. 5—

수도권지역 출퇴근길 교통정보방송 현황

방송국명	프로그램명	구 성 방송시간	주파수
한국방송공사 (KBS)	가로수를 누비며 (AM 제2라디오)	1일 2부　　2시간 (07：00～09：00)	AM 639KHz 630KHz
문화방송 (MBC)	푸른신호등 (AM)	1일 2부　　45분 (07：15～08：00)	AM 900KHz FM 95.9MHz
평화방송 (PBC)	PBC대행진 (FM)	1일 2부　　95분 (07：25～09：00)	FM 105.3MHz
불교방송 (BBS)	열린정보 (FM)	30분(8：30～09：00) 1일 2부	FM 101.9MHz
기독교방송 (CBS)	서울을 달린다 (AM)	1일 1부　　30분 (18：00～18：30)	AM 830KHz
서울방송 (SBS)	792 카라디오 (AM)	1일 4부 (18：20～19：00)	AM 792KHz
교통방송 (TBS)	출발서울대행진 (FM)	1일 5부　　180분	FM 95.1MHz
자료) 각 방송국 교통정보방송 제작 및 편성팀 제공(1995. 3월 현재)			

보행자권리헌장(1988년 유럽의회 제정)

Ⅰ. 보행자는 건강한 환경에서 삶을 영위하고 인간의 육체적·정신적인 행복을 충분히 보호받을 수 있는 환경으로 갖추어진 공공영역이 주는 쾌적성을 누릴 권리가 있다.

Ⅱ. 보행자는 자동차의 이용이 적당한 도시나 주거 중심지에서 거주할 권리가 있으며, 보행이나 자전거 이용거리 내에서 쾌적성을 누릴 권리가 있다.

Ⅲ. 어린이, 노인, 장애자들도 쉽게 사회와 접촉을 할 수 있으며, 그들의 연약함을 약화시키지 않는 도시를 기대할 권리가 있다.

Ⅳ. 장애자들은 공공지역, 교통체계, 대중교통의 조정을 포함하여 개인의 이동성을 극대화 해줄 수단을 선택할 권리를 기대할 수 있다.

Ⅴ. 보행자에게는 보행자 전용으로 사용되며, 최대한 넓고 보행구역뿐만 아니라 전체 도시와 조화를 이루며, 서로 안전하게 연결되어 있는 도로를 가질 권리가 있다.

Ⅵ. 보행자는 다음과 같은 특별한 권리를 기대할 수 있다.

　　1. 차량의 배기가스, 소음발생기준 허용 기준 준수.

　　2. 대기오염, 소음을 발생시키지 않는 모든 공공교통체계의 도입.

　　3. 도시지역에서의 식수(植樹)를 포함한 'Green Lung(도심공

원)’의 창조.

4. 보행자와 자전거통행자를 효율적으로 보호하기 위한 속도제.
한과 도로, 교차로 설계의 기준 준수.

5. 위험한 자동차 운행을 조장하는 부적당한 광고의 금지.

6. 장애자를 고려한 효율적인 교통신호 설치.

7. 차량과 보행자간의 연계가 쉽고, 이동의 자유와 정지의 가능.
성을 보장해 줄 교통수단의 선택과 개발.

8. 신호체계를 좀더 효율적으로 만들고, 차량을 좀더 유용하게
만들기 위한 차량의 외형이나 장비의 조정.

9. 사고를 낸 사람이 사고에 대한 재정적 책임을 질 수 있게 하
는 재정 부담체계의 도입.

10. 운전자 교육프로그램의 실시와 도로의 이용자를 보호하는
도로상의 적절한 시설이 설치되어야 할 것이다.

Ⅶ. 보행자는 전혀 방해를 받지 않고 이동할 권리가 있으며, 이러한
것은 교통수단의 통합적 이용을 통해 이룰 수 있다. 특히 보행자가
가지는 권리에는 다음과 같은 것들이 있다.

1. 생태학적으로 안전하고 폭넓게 잘 정비된 공공 교통서비스
는 정상인부터 장애자까지 모든 시민의 수요를 충족시킬 것.

2. 도시 전지역에 자전거 시설을 설치.

3. 주차지역은 보행자의 이동이나 보행자가 특색있는 건축물을
보며 즐기는 것을 방해하지 않도록 위치해야 함.

Ⅷ. 각 회원국은 보행자 권리와 생태학적으로 건전한 교통형태에
대한 종합적인 정보를 가장 적절한 형태로 제공하며, 어린이들도
활용할 수 있도록 하여야 한다.

부 록

2

알슈 Summit 경제 선언(발췌)
1989. 7

33. 지수생태계의 균형을 보다 좋게 보전할 필요성에 대해 세계
의 인식이 높아지고 있다. 이것은 장래기상변화를 초래할 수 있는
대기에의 심각한 위협을 포합하고 있다. 우리들은 대기, 호수, 하천,
해양에서의 오염의 증대, 산성비, 위험물질 및 급속한 사막화와 삼
림감소에 대해 중대한 걱정을 가지고 유의한다. 이와 같은 환경의
악화는 종의 존재를 위험하게 하고, 개인및 사회의 복지를 손상한
다.

지구생태계의 균형을 이해하고 보호하기 위한 확고한 행동이 긴
급히 필요하다. 우리들은 공유하는 경제적, 사회적 제목적을 충족시
켜 장래의 세대에 대한 의무를 이행하기 위해 건강하고 균형잡힌
지구환경보전이라는 공통의 목표를 달성하기 위한 협력을 시행한
다.

34. 우리들은 환경문제에 관한 과학적 연구를 더욱 강화하고 필
요한 기술을 개발하고, 환경정책의 경제적인 비용과 효과에 대해
명확한 평가를 행하도록 모든 나라에 대해 요청한다.

이들 문제의 몇가지에 대하여 불확실성이 남아 있다고 해서 우리
들의 행동이 부당하게 지연되어서는 안된다.

(중 략)

36. 우리들은 오염을 발생원에서 방지하고, 폐기물을 가능한한 적게 하고, 에너지를 절약하고, 또 비용대효과가 뛰어난 clean · 테크놀로지를 설계해 시장화하는 데에 산업계가 주요한 역할을 떠맡고 있다고 생각한다. 농업부문도 수질오염, 토양침식 및 사막화 등의 문제해결에 공헌해야 한다.

(중 략)

41. 우리들은 에너지 효율 향상이 이러한 목표에 큰 공헌을 이룰 수 있다는 의견의 일치를 보고 있다. 우리들의 관계국제기관에 대해 에너지 절약, 보다 넓게 말하면 모든 종류의 에너지의 사용효율을 향상시켜 관련되는 수법 및 기술을 촉진시키기 위한 경제조치를 포함하는 조치를 촉진하도록 요청한다.

(이하 생략)

휴스턴 Summit 경제 선언(발췌)
1990. 7

62. 우리들의 가장 중요한 책임 중 하나는 그 건전함, 아름다움 및 경제적 잠재력이 위협받지 않는 환경을 장래의 세대에게 넘겨주는 것이다. 기후변동, 오존층파괴, 삼림파괴 해양오염 및 생물학적 다양성의 상실 등 환경상의 도전은 한층 더 긴밀하고 효과적인 국제협력과 구체적 행동을 요구한다. 우리들은 선진국으로서 솔선해서 이들 도전에 대응하는 책무를 가진다. 우리들은 불가역적인 환경파괴의 협위에 직면하여 완전한 과학적 확실성의 결여가 그 자체의 정당화되는 행동에 우선하는 구실이 되어서는 안된다는 데 동의한다. 우리들의 강력하고도 확대되는 시장지향형 경제가 환경보호의 성공을 위한 가장 좋은 방도를 제공하는 것이라고 인식한다.

63. 기후변동은 결정적인 중요성을 가진다. 우리들은 이산화탄소 등의 온실효과 가스의 배출을 제한하는 공통의 노력을 행할 것을 약속한다. 우리들의 기후변동에 관한 정부간패널(IPCC)작업을 강하게 지지하며 8월의 전체보고의 발표를 기대하고 있다. 제2회 세계기후회의는 온실효과 가스의 배출을 제한 내지 안정화시킬 전략과 조치의 채용에 대해서 검토함과 동시에 효과적인 국제적 대응을 토의할 기회를 모든 나라에 제공한다. 우리들은 UN 환경계획(UNEP) 및 세계기상기구(WMO)의 지원하에 행해지고 있는 기

후변동에 관한 협약 교섭에 대한 지지를 다시 표명한다. 동조약은 1992년까지 책정되어야 하고, 모든 배출원과 흡수원을 고려해야 한다.

65. 우리들의 기후변동의 과학적 영향 및 가능한 대처전략의 경제적 의미부여에 관한 협력이 더욱 강화될 필요가 있다고 인식한다.

우리들은 이산화탄소 및 그외의 온실효과가스의 배출을 삭감하기 위한 에너지절약 및 기타의 조치를 보완하는 새로운 기술과 방법을 금후 수십년간에 개발하는 협동작업을 행하는 것의 중요성은 인식한다. 우리들은 기후변동의 역학과 잠재적영향 및 선진국과 개발도상국이 가능한 대응에 관해 과학적·경제적인 조사와 분석을 촉진할 것을 지지한다.

(중략)

70. 에너지 관련의 환경파괴에 대처하는 데에는 에너지 효율의 개선과 대체에너지원 개발에 우선도가 주어지지 않으면 안된다. 그와 같은 선택을 행하는 여러나라에서 원자력은 우리들의 에너지공급에 더하여 계속 중요한 공헌을 행하는 것이고, 온실효과가스배출 신장을 시키는데 중요한 역할을 할 수 있다. 각국은 건강과 환경을 지키기 위해 원자력 및 그외의 에너지에 대해 최고의 세계적 운용규칙을 확보하는 노력을 계속함과 함께 최대한의 안전성을 확보해야 한다.

71. 지구적환경문제의 해결에는 선진국과 개발도상국 사이의 협력이 불가결하다. 이 관점에서 1992년의 환경과 개발에 관한 UN회의는 공통의 행동과 협조가 잡힌 계획에 대해 폭넓은 합의를 형성

218

하는 데 중요한 기회를 제공한다. 우리들은 환경에 관계되는 국제법에 관한 시에나 포럼의 결론에 관심을 가지고 유의함과 함께 이들 결론이 1992년의 환경과 개발에 관한 UN회의에서 검토되도록 제안한다.

72. 우리들은 개발도상국의 빈곤과 저개발에 의해 악화되고 있는 환경문제를 해결하는 것을 도와주기 위한 자금면 및 기술면에서의 지원을 확충하는 것에 의해 이들 나라가 은혜를 얻는 것을 인식한다. 국제개발금융기관의 프로그램은 환경적영향의 평가 및 행동계획을 포함해 환경보호를 한층 더 추진함과 함께 에너지 효율을 촉진하기 위해 강화되어야 한다. 우리들의 채무·환경스왑이 환경을 지키는 데 유용한 역할을 다할 수 있다고 인식한다. 우리들의 세계은행이 환경보호촉진의 조치에 관해 어떠한 조정적 역할을 다할 수 있는가에 대해 검토한다.

73. 환경 및 경제의 목표를 능숙하게 하기 위해 정부 및 산업계의 정책 결정자는 필요한 수단을 요구하고 있다. 환경에 관한 협동의 과학적·경제적인 조사와 분석의 확충이 필요하다. 우리들은 지구 및 대기에 관한 우주위성정보의 집적을 조정해 공유하는 것의 중요성을 인식한다.

우리들의 국제네트 워크의 설립에 대해 시행되고 있는 토의를 환영, 장려한다. 환경문제의 해결책을 형성하는 데 열쇠가 되는 역할을 가진 민간부문을 관여시키는 것도 중요하다. 우리들은 환경과 경제에 관한 지극히 유익한 작업을 촉진하도록 OECD에 대해 장려한다. 특히 중요한 점은 환경지표의 조기개발과 환경목표의 달성에 사용가능한 시장지향적 approach의 형성이다. 우리들은 또 1991년

에 21세기의 환경정보에 관한 국제회의를 주최한다는 캐나다 제안
을 환영한다. 우리들은 소비자의 요구와 생산자의 필요를 충족시킴
과 함께 시장의 혁신을 촉진하는 유용한 시장메커니즘으로서 자발
적인 환경 라벨링을 지지한다.

(이하 생략)

220

런던 Summit 경제 선언(발췌)
1991. 7

47. 국제사회는 금후 10년간에 환경면에서의 중대한 도전에 직면한다. 환경의 관리는 계속해서 우리들의 우선과제이다. 우리들의 경제정책은 이 혹성의 자원의 이용이 유지가능한 것이고 현재 및 장래의 양세대의 이익을 보호하는 것인 것을 확보해야 한다. 확대되는 시장경제는 환경보호의 수단을 가장 좋게 이끌어낼 수 있는 한편, 민주적인 제도는 적절한 책임체제를 확보한다.

48. 환경에 대한 고려는 그 경제적비용을 반영하는 방법으로 정부의 정책전반에 통합되어야 한다. 우리들은 OECD가 시행하고 있는 이 분야에서의 귀중한 작업을 지지한다. 이 작업은 환경면에서의 가맹국의 실시에 대한 계통적 심사 및 정책결정에 있어서 사용되는 환경지표의 개발을 포함한다.

49. 국제적으로 우리들은 지구환경문제에 대처하기 위한 협력적 체제를 국제적으로 개발하지 않으면 안된다. 선진국에서는 스스로 모범을 보임으로써 모든 개발도상국 및 중·동구제국이 그 역할을 완수하도록 권장해야 한다. 지역적인 문제에 대해서도 협력이 필요하다. 이와 관련 우리들은 남극대륙의 환경보전의 강화를 목적으로 한 남극조약환경의정서에 대해 의견의 일치를 본 것을 환영한다. 우리들은 사하라·사헤일관측소 및 부다페스트 환경center의 순조

로운 진보에 유의한다.

50. 1992년 6월의 UN환경개발회의(UNCED)는 획기적인 사건이다. 환경에 관한 수많은 국제적인 교섭은 여기서 최고조를 맞이한다. 우리들은 회의의 성공을 위해 노력하고, 필요한 정치적 지원을 해줄 것을 약속한다.

51. 우리들은 UNCED의 개최까지 이하의 것이 실현되도록 바란다.

(a) 적절한 코미트멘트를 포함해 온실효과 가스의 모든 배출원과 흡수원을 대상으로 하는 기후변동에 관한 효과적인 조약. 우리들은 조약을 보강하는 실시의정서에 관한 작업을 촉진하도록 노력한다. 모든 참가국은 온난화로의 적응을 용이하게 하는 조치를 포함해 온실효과 가스의 순배출량을 제한하는 구제적인 전략을 책정해 실시할 것을 약속해야 한다. 선진국에 의한 현저한 활동의 교섭에 불가결한 개발도상 및 동구제국의 참가를 촉진한다.

(b) 모든 종류의 삼림의 관리, 보전 및 지속가능한 개발을 위한 원칙에 대해서 조약에 연결되는 합의:이것은 열대림이 생육하는 개발도상국에서 받아들일 가능성이 있음과 함께 우리들의 휴스턴 summit에서 정한 삼림에 관한 국제적 약속 또는 합의 목적에 합치하는 형의 것이어야 한다.

52. 우리들은 UNCED와의 관련에서 이하의 촉진하도록 노력한다.

(a) 개발도상국에 의한 환경문제로의 해결을 도와주기 위한 자금의 동원. 우리들은 기존의 메카니즘, 특히 지구환경facility(GEF)를 이 목적으로 이용하는 것을 지지한다. GEF는 개발도상국이 새

로운 환경조약에서 그 의무를 다할 것을 도와줄 포괄적인 자금공급 메카니즘이 될 수 있을 것이다.

(b) 상업적 메카니즘을 활용한 환경면에서 유익한 기술에 대한 개발도상국에서의 보급 촉진

(c) 지역적인 해역을 포함하는 해안에 대한 포괄적 활동. 해양의 환경적 및 경제적 중요성은 해양이 보호되고 지속적으로 관리되지 않으면 안되는 것을 의미한다.

(d) 특히 시에나 포럼의 성과를 활용한 환경에 관한 국제법 책정의 진전

(e) 금후 10년간에 있어서 UN환경계획(UNEP)을 포함하는 환경에 관계되는 국제기관의 강화

53. 우리들은 가능하다면 내년 채결되는 생물적 다양성에 관한 조약에 대해 UNEP의 지원에 교섭할 것을 지지한다. 이 교섭은 생물공학의 적극적인 발달을 방해하는 것이 아니고, 특히 종의 풍부한 지역에서의 생태계의 보호에 초점을 맞추어야 한다.

54. 우리들은 계속해서 열대림의 파괴에 걱정을 가지고 있다. 우리들은 휴스톤 summit를 이어받아 보여졌던 협력에 부응해 브라질 정부가 세계은행 및 EC위원회와의 협의로 준비한 브라질의 열대림 보전을 위한 시험 프로그램 책정에 진척이 보여진 것을 환영한다. 우리들은 EC위원회와 협력해서 경제적, 기술적, 사회적 문제에 충분한 주의를 하면서 또한 적절한 정책의 틀 속에서 세계은행의 지원하에서 긴급한 작업을 한층 더 추진할 것을 요청한다. 우리들은 시험적 프로그램의 예비적 단계가 성공리에 실시되도록 민간부문, 비정부기관, 국제개발금융기관 및 지구환경facility를 포함하는 모든

가능한 자금원으로부터의 지원을 구한다. 우리들은 프로그램의 상세하고 확고한 단계가 진전될 수 있도록 이들 자금을 국가간의 원조로 보완할 것을 검토한다. 우리들은 이 프로젝트의 순조로운 진척이 UNCED에 의해 삼림취급에 유익한 영향을 초래하게 된다고 믿는다. 우리들은 또 삼림에 중점을 둔 채무·환경 교환의 보급을 환영한다.

55. 페만의 유정화재와 해양오염은 환경상의 대규모재해를 방지하고 이것에 대처하는 국제적인 능력을 높이는 것이 필요하다는 것을 나타냈다. 국제해사기관(IMO)에 있어서 합의를 포함한 이 목적을 위한 모든 국제적, 지역적 합의가 충분히 실천되어야 한다. 우리들은 환경긴급지원을 위한 시험적center를 설립한다는 UNEP의 결정을 환영한다. 우리들은 방글라데시에서 최근의 포풍비 피해를 감안해 알슈summit에서 우리들이 요청한 세계은행의 지원이 홍수 피해경감에 쓰일 것을 장려한다.

56. 남획 및 그외의 유해한 관행에 의해 위협에 처해 있는 해양생물자원은 국제법에 따른 조치의 실시에 의해 보호되어야 한다.

우리들은 효과적인 감시와 실시조치를 통한 해양오염의 규제 및 지역어업기관에 의해 수립된 제도의 준수를 요구한다.

57. 우리들은 환경과학·기술면의 협력에 있어서 특히 이하의 것에 대해서 한층 더 노력을 요청한다.

(a) 우주위성에 의한 감시 및 해양관측을 포함하는 지구의 기후에 관한 과학적조사. 개발도상국을 포함하는 모든 나라가 이 조사노력에 참여해야 한다. 우리들은 지구관측 데이타 이용자용 정보 service에 대한 휴스톤 summit이후의 진전을 환영한다.

(b) 혁신적 기술계획의 제안을 포함하는 에너지 환경기술의 개발과 보급.

(이하 생략)

뮌헨 Summit 경제선언(발췌)
1992. 7

10. 우리들은 고용과 성장을 산출할 것을 목적으로 한 정책을 취할 것을 서약한다. 우리들은 보다 강하고 지속가능한 성장을 촉진하기 위한 진전한 거시경제정책을 확립하기 위해 각각의 상황을 인식하면서 적절한 조치를 취하도록 노력한다. 이것을 염두에 두고, 우리들은 이하의 지침에 합의했다.

(중략)

(d) 환경상 건전한 소비와 생산을 촉구하는 시장 insentive 및 기술혁신을 장려하는 것에 의해 우리들 환경면의 목표와 성장의 목표를 보다 밀접히 통합할 것.

(중략)

13. 지구 summit는 지구환경의 과제에 대한 의식을 높이고 또 개발과 환경에 관한 세계적인 파트너 쉽을 형성하는 과정에 대해 새로운 노력을 가하는 데 획기적이었다. 기후변동에 대한 우리들의 코미트멘트를 수행해 삼림과 해양을 보호하고, 해양자원을 보전하고, 생물적 다양성을 유지하기 위해, 신속하고도 구체적인 행동이 요구되고 있다. 따라서 우리들은 선진국 및 개발도상국의 모든 나라에 대해 정책과 자원을 현재 및 장래 쌍방의 세대의 이익을 보호하는 지속가능한 개발이 되도록 요구한다.

14. 리오회의의 모멘텀을 지속시키기 위해, 우리들은 다른 나라들이 우리들과 함께 이하의 행동을 취할 것을 요청한다.

(a) 1993년 말까지 기후변동조약을 비준하도록 노력할 것.

(b) UNCED에 의해 예측되었듯이 1993년 말까지 나라의 행동계획을 책정해 공표할 것.

(c) 종 및 그들이 의존하는 서식환경을 보호하도록 노력할 것.

(d) 특히 국제개발협회(IDA)로의 증자를 통한 정부개발원조(ODA)에 의한 지속가능한 개발을 위해 또 지구환경기금(GEF)이 항상적인 자금공급 메카니즘으로서 확립될 것을 목적으로 하는 동 기금을 통한 세계적으로 이익을 가져오는 조치를 위해 개발도상국에 대해 추가적인 자금 및 기술적지원을 공여할 것.

(e) 1992년 UN총회에 의해 아젠다 21의 실시를 모니터하는 데 중요한 역할을 완수하는 「지속가능한 개발위원회」를 설치할 것.

(f) 삼림에 관한 제원칙을 위한 국제적인 심사 프로세스를 확립할 것. 이들 원칙의 실시를 기초로 가능한 국제적으로 합의된 적절한 결정에 대해 조기에 대화를 행할 것. 또 국제적인 지원을 확대할 것.

(g) 우주위성 및 다른 지구관측 프로그램으로부터 data의 보다 유효한 활용 등을 통한 지구환경 모니터링을 한층 더 개선할 것.

(h) 혁신적 기술에 관한 프로그램을 위한 제안을 포함하는 에너지 환경기술의 개발 및 보급을 촉진할 것.

(i) 가능한한 조기에 200해리내와 공해에 걸친 어업자원 및 고도 회유성 어종에 관한 국제협의가 소집될 것을 확보할 것.

(이하 생략)

UN'환경개발회의(UNCED)의 결과

가. 회의의 취지

1972년의 UN인간환경회의(스톡홀름 회의) 이래 20년 만에 개최된 환경에 관한 UN회의이고, 지구온난화, 산성비 등으로 나타나게 되는 지구환경문제를 인류공통의 과제로 설정하고, 「지속가능한 개발」이라고 하는 이념하에 환경과 개발의 양립을 목적으로 해서 개최된 것.

나. 개최장소 및 일시

• 장 소
브라질 리오데자네이로(리오센트로 회의장)
• 일 시
1992년 6월 3일~14일

    3일 개회식

    3일~11일 전체회합(일반연설)

        주요위원회(검토작업)

    12일~13일 수뇌회의

     14일 폐회식

다. 회의의 결과

① 환경과 개발에 관한 리오 선언의 채택

일류공통인 미래를 위한 지구를 양호한 상황에서 확보할 것을 목적으로 사람과 국가와의 상호간의 관계를 규정하는 행동의 기본원칙의 집대성이며 전문 및 27의 원칙으로 이루어짐.

② 기후변동 조약의 서명

92년 5월의 제5회 재개회기에서 선진국은 1990년대 말까지 이산화탄소 등의 온실효과가스 배출을 종전의 수준까지 되돌리는 것의 중요성을 인식하면서 배출억제와 흡수원 보전을 위한 대응조치를 강구함과 함께 그 정책·대응조치와 효과예측 등에 대해 정보를 제출하고 체약국회의에서의 심사를 받을 것을 주요한 내용으로 한 국제조약을 채택. UNCED기간중에 155개국이 서명.

③ 생물다양성조약의 서명

92년 5월의 제7회 교섭회의에서 생물다양성의 보전, 생물다양성 요소의 지속적 이용, 유전자원의 이용에서 생기는 이익의 공정하고도 공평한 배분을 실시할 것을 목적으로 국가전략, 계획의 책정, 자국의 보전상 중요한 지역이며 종의 list 작성, 보호구 등의 설정, 유전자원에 대한 Access·보증, 기술이전, 자원원조 등을 주요한 내용으로 한 국제조약을 채택. UNCED기간중에 157개국이 서명.

④ 삼림에 관한 원칙성명의 채택

국가의 개발의 필요성 및 사회·경제성장 level에 따른 삼림을 이용하는 주최적 권리를 인정함과 함께 삼림의 다양한 기능(생물다양성의 유지, 에너지원, 탄소의 저장 등)의 유지 및 지속적 경영의 강

화, 삼림정책의 본연의 자세, 국제법규, 다국간 합의에 기초를 둔 임
산물무역, 개방되고 자유로운 무역의 촉진, 세계의 녹화, 국제협력
등에 대해 규정.

⑤ 아젠다21의 채택

환경과 개발에 관한 리오 선언의 제원칙을 실시하기 위한 행동
프로그램이고, 환경·개발의 양면에 걸친 4분야(사회경제적 측면,
개발 자원의 보호와 관리, 여성을 비롯한 각주체 역할의 본연의 자
세, 실시수단)의 40항목에 대해 폭넓게 각국 행동의 본연의 자세를
정리한다.

박용훈

서울 시립대학교, 동대학원 교통계획 전공
교통 평론지 계간「교통과 사회」발행인
현재 도시교통연구소 소장
TBS, KBS, MBC, SBS 등에서 교통평론가로 활동
경실련 정책위 교통분과 정책위원, 한국 교통유아재단의 상임이사
사단법인 지방자치 실무연구소 연구지도위원
사단법인 21세기 환경연구소 연구위원
1991년 MBC 창사 30주년 기념 방송논문 공모에서 1위 수상
1993년 한국자동차 공업협회 주최 자동차문화 논문 공모에서 최우수상
1994년 대통령 표창(고속도로 버스 전용차선 제안 공포)
1994년 국민은행 환경상 수상.
저서 :「교통학개론」「도시계획과 교통」
「정보화사회와 글로벌도시」「미래로 가자」
논문 :「교통문화 정착을 위한 시민운동의 과제」
「지구환경을 살리는 교통정책 방향」등

도로에서 지구를 살리는 50가지 방법

지은이 · 박용훈
펴낸이 · 이수용
편집 · 김선연, 김수경
펴낸곳 · 秀文出版社

1994년 7월 25일 초판 발행
1995년 9월 15일 증보판 발행
출판 등록 1988. 2. 15 제 7 - 35호
132 - 033 서울시 도봉구 쌍문동 103 - 1
전화) 994 - 2626, 904 - 4774 FAX) 906 - 0707

전산 · 맥프로/본문 제판 · 예하프로세스
본문 인쇄 · 민언인쇄/제책 · 민중문화사
표지제판, 인쇄 · 홍진프로세스

ⓒ 박용훈, 1995